ISSN 0021-1915

15. JAHRGANG · SEITEN 113—144 · BERLIN MAI 1979

IPRAX 15 15 (5) 113—144 (1979)

32036

5

isotopenpraxis

EVP 9,— M

AKADEMIE-VERLAG

ISOTOPENPRAXIS

herausgegeben von J. Mühlenpfordt, Berlin · C. F. Weiss, Leipzig

An unsere Autoren

Die Zeitschrift veröffentlicht Beiträge zu folgenden Themen: Kontrolle und Analyse radioaktiver und stabiler Isotope, Anwendung radioaktiver und stabiler Isotope in allen Gebieten der Forschung und Technik, der Industrie, Landwirtschaft und Medizin, Herstellung radioaktiver und stabiler Isotope sowie von markierten Verbindungen, kernelektronische Geräte für die Isotopenanwendung (Dickenmesser, Dichtemesser u. ä.) Detektoren für isotopentechnische Arbeiten und den Strahlenschutz in Isotopenlaboratorien, Meßtechnik und Strahlenschutz, Dosimetrie in Isotopenlaboratorien, kerntechnische Geräte für die Isotopenanwendung (Betron, Bestrahlungsanlagen u. ä.), Strahlenchemie, Radiochemie, ökonomische und perspektivische Fragen, Fragen der Weiterbildung.

1. Aufnahme von Manuskripten

Zur Veröffentlichung angenommen werden nur druckreife, noch nicht anderweitig publizierte Beiträge in deutscher, englischer oder russischer Sprache zum Themenbereich der Zeitschrift und zwar

- Originalarbeiten
- Kurze Originalmitteilungen
- Aus der Praxis
- Zusammenfassende Berichte
- Tagungsberichte
- Informationen.

Sind der Beitrag oder Teile daraus bereits veröffentlicht oder ist eine anderweitige Veröffentlichung vorgesehen, so muß dies der Redaktion mit genauer Angabe der Zweitveröffentlichung mitgeteilt werden. Mit der Annahme des Manuskriptes behält sich der Verlag das Recht der Vervielfältigung, Verbreitung und Übersetzung innerhalb der gesetzlichen Schutzfrist vor. Auszugsweiser Nachdruck oder photomechanische u. a. Wiedergabe sind an eine schriftliche Genehmigung des Verlages gebunden. Manuskripte, Zeichnungen und Photos von veröffentlichten Arbeiten werden nur auf den besonderen und bis zum Zeitpunkt der Veröffentlichung mitgeteilten Wunsch des Autors zurückgesandt.

Bei der unverlangten Einreichung von Manuskripten wird empfohlen, eine Befürwortung eines der Herausgeber oder Redaktionsausschußmitglieder beizufügen.

Manuskripte sind einzureichen bei der Redaktion, DDR-108 Berlin, Leipziger Str. 3–4.

2. Form der Manuskripte

Die Autoren werden gebeten:

2 Manuskripte, eines davon in Original-Maschinenschrift, einseitig und mit 2zeiligem Abstand einzureichen; gut leserliche Photokopien sind zulässig; auf dem 1. Blatt (unter Weglassung der Bezeichnung)

- den Titel der Arbeit
- Vorname-Initialen und Namen sämtlicher Autoren
- gegebenenfalls die Institution, in der sie tätig sind
- eine kurze Zusammenfassung der Arbeit von höchstens 15 Zeilen
- Keywords in alphabetischer Reihenfolge und
- als Fußnote die Anschrift der Institution anzugeben;

wenn möglich auf gesonderten Blättern Namen, Titel der Arbeit und Zusammenfassung in den beiden anderen obengenannten Sprachen 2fach beizufügen;

Literaturhinweise (fortlaufend numeriert), Fußnoten, Tabellen, Abbildungen (in etwa 2facher Veröffentlichungsgröße), Abbildungsunterschriften (getrennt von den Abbildungen, mit Zeichenerklärungen, Quellenangaben, falls erforderlich, und gegebenenfalls mit einem Vermerk für besondere Wünsche bezüglich der Abbildungsgröße), private und Dienstanschrift der Verfasser mit akademischen Titeln und ausgeschriebenen Vornamen auf besonderen Blättern ans Ende des Manuskriptes zu stellen;

Wünsche für den Kolumnentitel (Seitenüberschrift) bekanntzugeben;

Absätze durch Einzüge von mindestens 3 Anschlägen kenntlich zu machen;

die Maßeinheiten des SI-Systems ("Système International") zu verwenden;

Korrekturen im Manuskript unmittelbar an der zu korrigierenden Stelle anzubringen;

Formeln deutlich lesbar und möglichst groß einzutragen;

Farbabbildungen und nachträgliche Änderungen oder Ergänzungen in Abbildungen zu vermeiden;

hervorzuhebende Textstellen zu unterstreichen, und zwar halbfetten Satz mit einer geraden schwarzen Linie, kursiven Satz (Sschrägschrift) mit einer blauen Wellenlinie (alle Eigennamen). Sperrungen gestrichelt;

besondere Buchstaben durch farbige Unterstreichung zu kennzeichnen, und zwar Formelzeichen in

- Griechisch-Kursiv (α, β, ...) rot,
- Kursiv (A, B, ...) blau
- halbfetter Kursiv ($\boldsymbol{A}$, $\boldsymbol{B}$, ...) 2 Linien blau (Vektoren),
- halbfetter Grotesk (A, B, ...) 2 Linien violett (Tensoren);

bei Literaturangaben auf Vollständigkeit zu achten. In nachstehender Reihenfolge müssen angegeben sein:

a) bei *Zeitschriften*: Vorname-Initialen und Namen sämtlicher Autoren, Titel der Zeitschrift (nach „Periodica Chimica" oder möglichst wenig gekürzt), Bandnummer (unterstrichen), Jahreszahl (im Klammern), Heftnummer (nur bei Zeitschriften, die jedes Heft mit S. 1 beginnen) sowie die Seitenzahl, auf der die zitierte Arbeit beginnt.

b) bei *Büchern*: Initialen der Vornamen und Name des Autors (Herausgeber werden durch den Zusatz „ed." gekennzeichnet), voll ausgeschriebener Titel des Buches in der Originalsprache, evtl. Bandnummer, voll ausgeschriebener Name des Verlages, Nummer der Auflage (außer der ersten), Erscheinungsort(e), Erscheinungsjahr (hier nicht in Klammern setzen!) und evtl. Kapitelnummer, Seitenzahl u. ä.

c) bei *Sammelbänden*, *Tagungsberichten*: Es soll zusätzlich der Titel des zitierten Beitrags angegeben werden. Die Seitenzahl muß unbedingt angegeben werden. Aus dem Zitat muß hervorgehen, ob es sich um einen Tagungssammelband oder um einen noch nicht veröffentlichten Vortrag handelt. Zwischen Tagungsort und Erscheinungsort des entsprechenden Tagungsberichts ist zu unterscheiden.

3. Korrekturen

Der Autor erhält zwei Umbruchabzüge, von denen einer möglichst schnell korrigiert an die Redaktion zurückgereicht werden soll. Auf Wunsch des Autors kann die Korrektur uach von der Redaktion gelesen werden.

Durch nachträgliche Manuskriptänderungen verursachte Korrekturkosten gehen, sofern sie 10% der Satzkosten übersteigen zu Lasten des Autors.

Der Autor erhält 50 Sonderdrucke kostenlos. Weitere Sonderdrucke können bis zur Rückgabe der Korrekturabzüge auf Kosten des Autors bei der Redaktion bestellt werden.

Bezugsmöglichkeiten

Bestellungen sind zu richten

- **in der DDR** an den Postzeitungsvertrieb; an eine Buchhandlung oder an den AKADEMIE-VERLAG, DDR-108 Berlin, Leipziger Straße 3–4
- **im sozialistischen Ausland** an eine Buchhandlung für fremdsprachige Literatur oder an den zuständigen Postzeitungsvertrieb
- **in der BRD und Westberlin** an eine Buchhandlung oder an die Auslieferungsstelle KUNST UND WISSEN, Erich Bieber, 7 Stuttgart 1, Wilhelmstraße 4–6
- **in Österreich** an den Globus-Buchvertrieb, 1201 Wien, Höchstädtplatz 3
- **in den übrigen westeuropäischen Ländern** an eine Buchhandlung oder an die Auslieferungsstelle KUNST UND WISSEN, Erich Bieber GmbH, CH-8008 Zürich/Schweiz, Dufourstraße 51
- **im übrigen Ausland** an den Internationalen Buch- und Zeitschriftenhandel; den Buchexport, Volkseigener Außenhandelsbetrieb der Deutschen Demokratischen Republik, DDR-701 Leipzig, Postfach 160, oder an den AKADEMIE-VERLAG, DDR-108 Berlin, Leipziger Straße 3–4

Zeitschrift „Isotopenpraxis"

Herausgeber: Im Auftrag des Akademie-Verlages herausgegeben von Prof. Dr. Justus Mühlenpfordt und Prof. Dr. Carl Friedrich Weiss

Verlag: Akademie-Verlag, DDR-108 Berlin, Leipziger Straße 3–4; Fernruf 2236221 oder 2236229; Telex-Nr. 114420;

Bank: Staatsbank der DDR, Berlin, Kto.-Nr.: 6836-26-20712

Chefredakteur: Dr. Klaus Uhlig, Berlin

Anschrift der Redaktion (Fernruf: 6351177) der Zeitschrift Isotopenpraxis: Akademie-Verlag, DDR-108 Berlin, Leipziger Str. 3–4

Veröffentlicht unter der Lizenznummer 1527 des Presseamtes beim Vorsitzenden des Ministerrates der Deutschen Demokratischen Republik

Gesamtherstellung: VEB Druckerei „Thomas Müntzer", DDR-582 Bad Langensalza

Erscheinungsweise: Die Zeitschrift „Isotopenpraxis" erscheint monatlich. Die 12 Hefte eines Jahrganges bilden einen Band. Bezugspreis je Band 144,– M zuzüglich Versandspesen (Preis für die DDR 108,–M), Preis je Heft 12,– (Preis für die DDR 9,– M)

Bestellnummer dieses Heftes: 1079/15/5

AN (EDV) 12831

ISOTOPENPRAXIS ISSN 0021-1915

Band 15 (1979) Heft 5, S. 113–144

Redaktion und Verlag: Akademie-Verlag, Redaktion Isotopenpraxis, 108 Berlin, Leipziger Straße 3–4

Inhaltsverzeichnis

(Fortsetzung des Inhaltsverzeichnisses auf der Rückseite des 2. gelben Blattes)

ISOTOPENPRAXIS

Band **15** (1979) Heft 5, S. 113–144

Redaktion und Verlag: Akademie-Verlag, Redaktion Isotopenpraxis, 108 Berlin, Leipziger Straße 3–4

Contents

In the report the main trends of development of radiopharmaceuticals as well as the growth of their production and their uses are presented.

A summary of the results of systematic investigations on the possibilities of Tc labelling of interesting pharmaceutic compounds is presented. Proceeding from chemically characterized ^{99}Tc complexes of metabolites of the citrate cycle, of polyhydroxicompounds and of marcaptocompounds, structural demands to be fulfilled by efficient addends for technetium are derived.

At first, the test batches already under production in the GDR are presented; Thyro-Gap, Thyro-Con, Thyro-KT, Vitamin B_{12} and T-3-RIA, plus Insulin-RIA from the Central Institute of Nuclear Research, of Rossendorf.
At present, two main trends of development are to be noted: laboratory diagnostics of thyroid gland and determination of sex hormones. The coverage of thyroid-gland tests was increased in 1978 by the production of a T4-RIA, and in 1979 by the introduction of the TSH-RIA test batch. In the field of the analysis of sex hormones, the production of testosterone RIA has been started in 1978.
Test batches for progesterone, estradiol and theelol are under development. It is worth-while to note that preferable labelling of steroids with ^{125}I is aimed at. By the beginning of the eighties, test batches for cortisol, digoxine and other steroids will be prepared. With the development of a LH test concluded, its production startet in 1978. As far as possible, test batches are characterized as to their methodics and materials to be used.

Though numerous publications have been dedicated mainly to the development, production, testing and quality control of radiopharmaceutical preparations, little is known on the reaction mechanism of these compounds yet – with regard to radioactive labelling as well as to metabolism in the body. Increasing attention being paid to these issues, some of the central objectives are explained more closely.

Содержание

В докладе представлены главные направления развития радиофармацевтических препаратов а также рост их производства и применения.

Приводится сводка результатов систематического исследования возможности мечения Tc интересных фармацевтических соединений. На основании характеризованных химически комплексов по ^{99}Tc метаболитов цитратного цикла, полиокисных соединений и меркаптосоединений выводятся структурные требования, выставляемые перед эффективными лигандами технеция.

В начале представляются уже производимые в ГДР наборы проб: Тиро-Кап, Тиро-Кон, Тиро-КТ Витамин B_{12} и Т-3-РИА, плюс Инсулин-РИА от Центрального Института Ядерных Исследований в Россендорфе.
В настоящее время, два основных направлений развития выявляются: Лабораторная диагностика щитовидной железы и определение половых гормонов. В 1978 г. диапазон диагностики щитовидной железы расширился производством РИА Т4, а в 1979 г. он будет расширяться производством набором проб типа ТСХ-РИА. В области анализа половых гормонов в 1978 г. было освоено производство РИА тестостерона. Разрабатываются наборы проб прогестерона, эстрадиола и эстриола. Стоит отметить, что стремление идет к преимущественному мечению стероидов I-125. К началу восьмидесятых годов готовятся наборы проб кортизола, дигоксина и других стероидов. Производство набора типа ЛХ было начато в 1978 г.
По мере возможности наборы проб характеризуются в отношении их методики и применяемых материалов.

Несмотря на множество публикаций, посвященных в первую очередь вопросам развития, производства, испытания и контроля качества радиофармацевтических изделий, многое еще не известно что касается механизма реакции этих соединений – как в связи с радиоактивным мечением, так и в отношении метаболизма в теле. Этим вопросам уделяется возрастающее внимание. Некоторые из основных задач обьясняются более подробно.

Развитие производства радиофармацевтических препаратов в ВНР*)

Л. Сиртеш

(Институт изотопов ВАН, Будапешт)[1]

В докладе представлены главные направления развития радиофармацевтических препаратов а также рост их производства и применения.

(B 13) INIS DESCRIPTORS:

Hungary; planning; production; radiopharmaceuticals

Введение

Использование радиофармацевтических препаратов ныне уже прошло период моды. Несколько лет тому назад были предсказания, которые говорили о дальнейшем снижении, даже о прекращении роста производства радиоактивной продукции. Напротив этим мнениям, как это известно, во всем мире, в том числе и в Венгрии, производство изотопов и меченых соединений год за годом растет. Масштаб роста производства в нашей стране за последние 10 лет на рис. 1—2.

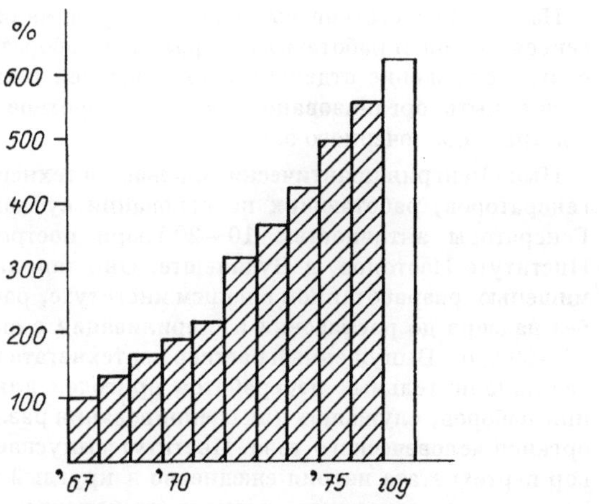

Рис. 1. Рост изотопной продукции по стоимости за 10 лет

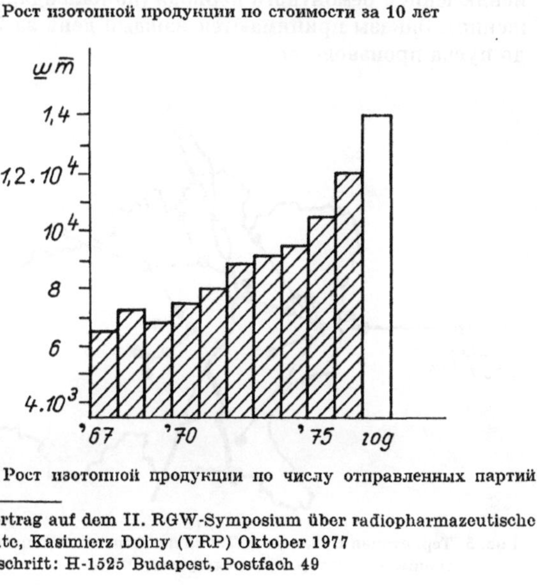

Рис. 2. Рост изотопной продукции по числу отправленных партий

Как видно, в денежном отношении производство возросло примерно в 6 раз, а по количеству упаковок около 7 раз. Так как в нашей стране нет циклотрона и не разрабатываются большие закрытые источники, рост производства практически связан с ростом производства реакторных изотопов и меченых соединений.

Производство радиофармацевтических препаратов

В нашей стране при анализе использования радиоактивных изотопов обычно различаются следующие области:

— промышленность,
— сельское хозяйство,
— медицина (исследование, лиагностика и терапия),
— научное исследование и обучение.

В последние годы в области промышленности и сельского хозяйства можно было заметить сужение ассортимента используемых препаратов, видимо из-за интересов потребителей больших закрытых источников. В то же время в области медицины замечается бурное развитие, как это видно на рис. 3—4. Развитие произошло не только по количеству но и по качеству производства: с одной стороны медицина требует препаратов с более высокими качественными показателями, с другой стороны сортамент используемых препаратов меняется сильно, даже и в эти дни. Например за последние годы закрытые источники малой активности

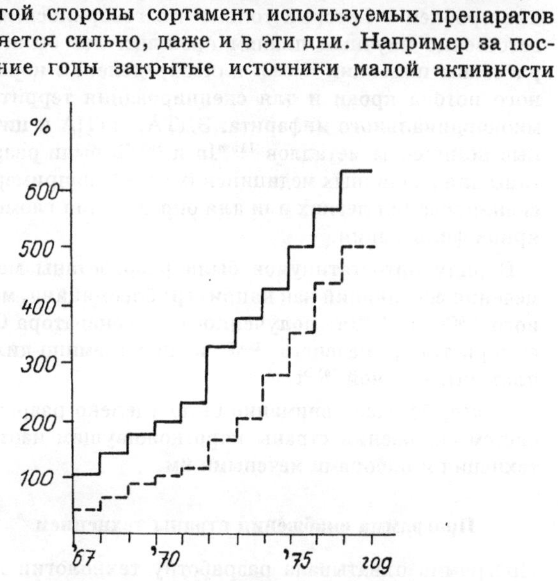

Рис. 3. Рост изотопной продукции по стоимости за 10 лет

——— РФП; — — — другие изотопные продукты

*) Vortrag auf dem II. RGW-Symposium über radiopharmazeutische Präparate, Kasimierz Dolny (VRP) Oktober 1977

[1]) Anschrift: H-1525 Budapest, Postfach 49

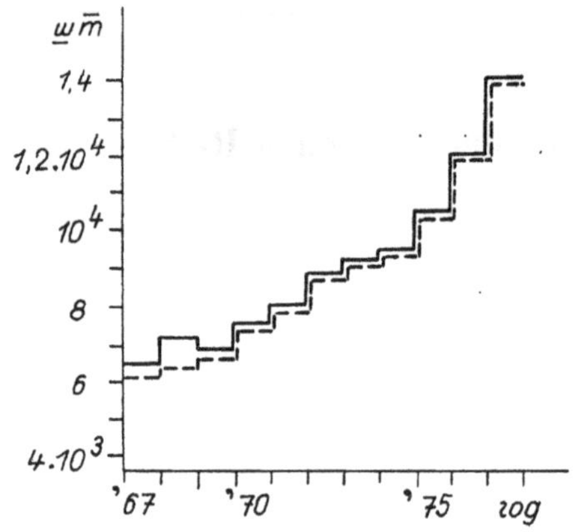

Рис. 4. Рост изотопной продукции по числу отправленных партий
——— РФП; – – – другие изотопные продукты

(около 100 *м Кюри*) почти не применялись для терапевтических целей, однако из препаратов 60-ых годов (как йод и др.) в неизменном или несколько повышенном количестве используются такие, как $^{24}NaCl$, ^{42}KCl, $Na^{51}CrO_4$, $^{86}RbCl$, $Na^{125}J$, $Na^{131}J$ и коллоидальный раствор золото-198.

Особые интересы появились к изотопам, имеющим короткий период полураспада. Исследовательская работа требовала много новых соединений, меченых разными изотопами, особенно в области цитостатических соединений. В медицинской практике важное и большое изменение связано с распространением метода радиоиммунологического анализа (РИА).

Среди короткоживущих реакторных изотопов очень быстро распространялся ^{99m}Tc. Это объясняется помимо малой дозы для больных, распространением больших и дорогих измерительных приборов (гамма-камер) и не в последней очереди очень хорошими качественными показателями данного радиоизотопа.

Развитие производства радиофармацевтических препаратов

Исследовательские работы были направлены на решение проблем о которых только что говорилось. Соответственно научным планам прошлых лет были разработаны инъекции $^{131}CsCl$ для определения коронарного потока крови и для скеннирования территорий миокардинального инфаркта. ЭДТА, ДТПА и цитратные комплексы металлов ^{115m}In и ^{169}Yb были разработаны для различных медицинских целей, например для скеннирования легких или для определения гломерулярной фильтрации.

В ряду цитостатикумов были разработаны методы мечения соединений как например: блеомицина, меченного ^{158}Co и ^{115m}In, полученного из генератора Cd-In, винкристина, меченого ^{125}J и цис-диамино-дихлорплатины, меченой ^{193}Pt.

Далее, большое внимание было уделено разработке систем снабжения страны короткоживущим изотопом технеция и наборами мечеными им.

Программа снабжения страны технецием

Программа охватывала разработку технологии получения раствора пертехнетата натрия, технологию получения наборов, состоящих из соединений, меченых технецием, разработку технологии получения симулирующего референтного источника и некоторых вспомогательных предметов. Кроме того была разработана система снабжения.

Получение раствора пертехнетата натрия

На практике распространились три метода разделения технеция от молибдена, а именно

— хроматографический,
— экстракционный и
— сублимационный

методы.

Все эти методы имеют свои недостатки и преимущества. Считая технические возможности (величину потока нейтронов), мы решили использовать метод сублимации. Преимущество этого метода в том, что разрешает построить большой генератор с активностью несколько Кюри. Процесс разделения технеция не трудно автоматизировать и не в последнюю очередь потребитель может получать каждый раз контроллированный препарат, который имеет высокую радиоактивную концентрацию и постоянные характеристики.

Недостаотк метода заключается в том, что он требует тяжелого защитного оборудования и квалифицированного обслуживающего персонала.

Из этих недостатков вытекает, что сублимационный генератор может работать в центральных лабораториях, откуда снабжение отдельных потребителей технецием может быть организовано учитывая короткое время полураспада дочерного элемента.

Ныне Венгрия практически снабжается технецием из генераторов, работающих на основании сублимации. Генераторы активностью 10—20 Кюри построены в Институте Изотопов, в Будапеште. Они заполняются мишенью, разработанной в нашем институте, работают без надзора до расфасовки и стерилизации с выходом 50—60%-ов. Выпущенный раствор пертехнетата натрия без дополнительных переработок пригоден для мечения наборов, служащих для скеннирования различных органов человеческого тела. Институт выпускает раствор пертехнетата натрия ежедневно в круглый год, за исключением ремонтного периода (по календарю снабжения). Заказы принимаются каждый день за 24 часа до пуска производства.

Рис. 5. Территория Будапешта. Точки показывают медицинские изотопные лаборатории, использующие ^{99m}Tc

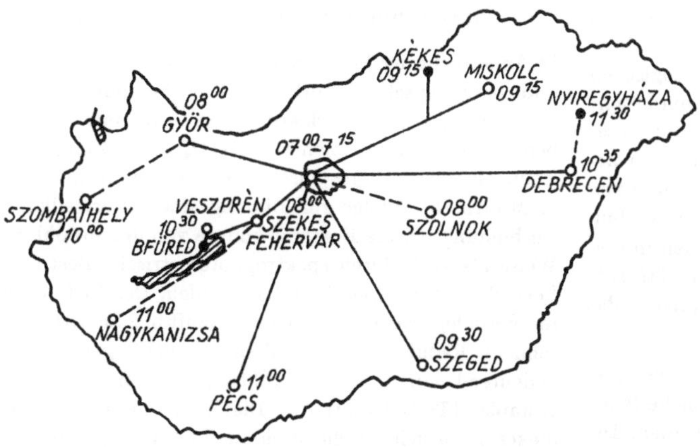

Рис. 6. Территория ВНР. Указаны города, где в больнице имеется изотопная лаборатория.

Потребители в Будапеште (рис. 5.) получают товар не позже 9 часа утра (он рассылается машиной Института), а другие лечебные центры страны поездами экспресс, как это показано на рис. 6.

Конечно централизованное снабжение в стране, имеющая территорию больше Венгрии можно организовать гораздо труднее, но получение технеция и в таких условиях можно разрешить созданием нескольких центральных лабораторий-производителей.

Наборы

В Институте Изотопов, вместе с другими институтами были разработаны наборы фосфон, фитон, цитон, глюкон, альбумон, содержащие соответствующие оловянные комплексы гидрокси-этилиден-динатрий-фосфоната, фитиновой кислоты, аскорбиновой кислоты, глюконата натрия и человеческого сывороточного альбумина (НА). Наборы состоят из шести флаконов, содержащих лиофилизированный материал в количестве, достаточном для 5—6 определений.

В начале доклада мы говорили о том, что производство медицинских препаратов за последние 10 лет выросло примерно в 6 раз. В этом росте определяющую роль играли новые медицинские препараты, главным образом различные наборы для мечения технецием.

В этом году в нашей стране для медицинских целей выпускаются около 100 различных препаратов, меченых 30 радиоактивными изотопами, активностью 1500—2000 Кюри. Мы должны сказать, что этот уровень достигнутый в 1977-ом году, неудовлетворяет ни потребителей (т. е. врачей), ни производителя. Поэтому вполне уверенно можно ожидать дальнейшего роста требования и соответственно производства. Я думаю, усиленные исследовательские работы, введенные в первую очередь по теме разработки новых наборов (ин витро и ин виво) и цитостатических соединений могут удовлетворять новые, повышенные требования и за одно с их помощью достигается дальнейший рост производства медицинских препаратов.

Поступила в редакцию 31/VIII 1978 г.

Einige neue Ergebnisse über den chemischen Zustand von ^{99m}Tc-Radiopharmaka*)

R. Münze, B. Johannsen, H. Spies

(Zentralinstitut für Kernforschung Rossendorf)[1]

Es wird zusammenfassend über systematische Untersuchungen zur Tc-Markierbarkeit pharmazeutisch interessanter Verbindungen berichtet. Anhand chemisch charakterisierter ^{99}Tc-Komplexe von Metaboliten des Citratcyclus, von Polyhydroxyverbindungen und von Mercaptoverbindungen werden strukturelle Anforderungen an wirksame Liganden für Technetium abgeleitet.

(B 13) INIS DESCRIPTORS:

chemical state; complexes; hydroxy acids; labelling; ligands; metabolites; radiopharmaceuticals; technetium; technetium 99; thiols

Trotz der enormen Zahl von Publikationen über ^{99m}Tc-Radiopharmaka ist bisher der chemische Zustand dieser Verbindungen noch nicht exakt bekannt. Die unvollständige Kenntnis erschwert sowohl das Verständnis des pharmakologischen Verhaltens der ^{99m}Tc-Radiopharmaka als auch die Festlegung eines rationalen pharmazeutischen Entwicklungskonzeptes.

Der gegenwärtige Stand der Technetiumchemie ermöglicht einen Einblick in den Markierungsablauf und in die Art der Markierungsprodukte, ohne allerdings ausreichend zu sein, um im Detail die strukturellen Anforderungen an das Ligandmolekül bezüglich einer starken Bindung von Technetium bestimmter Oxydationsstufe vorhersagen zu können.

*) Vortrag auf dem II. RGW-Symposium über radiopharmazeutische Präparate, Kasimierz Dolny (VRP) Oktober 1977

[1]) Anschrift: 8051 Dresden, Postfach 19

Kürzlich haben einige Autoren [1, 2] eine neue Klasse von ^{99m}Tc Radiopharmaka vorgeschlagen, die sie dadurch erhalten, daß Arzneimittel oder Biochemikalien mit günstigen biologischen Eigenschaften an einen für die Bindung von Technetium besonders geeigneten Chelatrest gekoppelt werden. Beispiele für dieses Konzept ist die Markierung von Lidocain-Analoga, wie von *Loberg* und Mitarb. [1] publiziert wurde, und die Herstellung von markierten Fettsäuren durch *Eckelman* u. Mitarb. [2]. Verbindungen, die ursprünglich nicht markierbar sind, werden in diesen Fällen dadurch zu effektiven Technetiumliganden, daß entweder ein Iminodiessigsäurerest oder eine EDTA-Gruppe in das Molekül eingeführt wird.

Wir glauben, daß auch eine andere Richtung erfolgversprechend sein könnte. Viele Metabolite sind polyfunktionelle Moleküle und können leicht mit Technetium markiert werden. Die gebildeten Technetium-Metabolitkomplexe unterscheiden sich jedoch von den unmarkierten Ausgangsverbindungen in chemischer und damit auch pharmakologischer Hinsicht. Es ist zu erwägen, ob die ursprüngliche biologische Spezifität des Liganden nicht wirksam werden kann, weil infolge der Moleküländerung bestimmte Schritte im Transportsystem oder Stoffwechselprozeß nicht mehr ablaufen können. Durch die Einführung von geeigneten Gruppen in das Molekül läßt sich jedoch die Lipidlöslichkeit erhöhen oder die Nettoladung des Moleküls verändern, wodurch sich die mit der Markierung verbundenen Nachteile teilweise kompensieren lassen [3].

Besonders für die Entwicklung neuer ^{99m}Tc-Radiopharmaka mit hoher biologischer Spezifität ist es erforderlich, die Bedingungen für die Bildung einer starken Technetium-Ligand-Bindung und die definierte Zusammensetzung der Verbindung zu kennen. Dieses Problem des chemischen Zustandes von Technetium-99*m*-Radiopharmaka ist bereits von *McAfee* [4], *Steigman* u. Mitarb. [5], *Eckelman* u. Mitarb. [6] und *Yokoyama* u. Mitarb. [7] behandelt worden. Dabei ist Träger-Technetium-99 verwendet worden, um die Vorteile geeigneter analytischer Methoden nutzen zu können. Interessante Ergebnisse hinsichtlich des Oxydationszustandes des gebundenen Technetiums und auch Hinweise auf die chemische Zusammensetzung von Technetium-Komplexen mit Phosphaten, Kohlenhydraten, Komplexonen, Metaboliten und Therapeutika konnten bereits erhalten werden. Bei diesen Substanzklassen ist jedoch bisher in keinem Fall eine definierte chemische Verbindung isoliert und hinsichtlich Zusammensetzung und Struktur charakterisiert worden. Ebenso ist keine Beziehung zwischen Markierbarkeit und chemischer Struktur systematisch ermittelt worden.

Unter dem Aspekt der Markierbarkeit haben wir begonnen, chemische Reaktionen von Technetium unterschiedlicher Oxydationsstufe mit solchen chemischen Gruppen zu untersuchen, die häufig in pharmazeutischen oder physiologischen Substanzen vorkommen. Das Ziel dieser Arbeiten ist die Klärung der für eine Markierung mit Technetium notwendigen Voraussetzungen. Dabei simulierten auch wir das Verhalten der Technetium-99*m*-Verbindung durch die Verwendung von Technetium-99-Verbindungen. Wir haben selbstverständlich mögliche Unterschiede im chemischen Verhalten zwischen wägbaren Mengen an Technetium-99 und den Ultramikromengen des trägerfreien Technetium-99*m* zu bedenken. Obwohl unsere Untersuchungen noch nicht abgeschlossen sind, wurden einige typische Ergebnisse an 3 bedeutenden Ligandgruppen erhalten, die in folgendem dargestellt werden sollen. Diese 3 Gruppen sind:

- Metabolite des Citratcyclus
- Polyhydroxyverbindungen
- Mercaptoverbindungen.

Markierung von Metaboliten des Citratcyclus

In Anbetracht der Bedeutung des Citratcyclus für den normalen und pathologischen Stoffwechsel, insbesondere bei Krebserkrankungen, ist die Markierung von Citrat mit ^{99m}Tc von großem Interesse. Reduktion von $^{99}TcO_4^-$ durch Zinn(II) in Citratlösung führt polarographischen Untersuchungen von *Steigman* u. Mitarb. [5] zufolge zur Bildung einer intermediären Tc(V)-Verbindung. Dieses Ergebnis konnte von uns sowohl in gleicher Weise als auch durch spektrophotometrische Bestimmung der Pertechnetatabnahme bestätigt werden. Der Reduktionsprozeß im physiologischen *p*H-Bereich verläuft in 2 Schritten. Eine sehr schnelle Reduktion ergibt Technetium(V), gefolgt durch eine bedeutend langsamere Reduktion zu dem Technetium(IV)-Komplex $[Tc(OH)_2 \, citr_2]^{6-}$. Die Zusammensetzung des Komplexes ergibt sich aus chemisch-analytischen, spektrophotometrischen und anderen physikochemischen Ergebnissen [8] (Abb. 1 u. 2). Sowohl die Tc(V)-Verbindung als auch der Tc(IV)-Komplex $[Tc(OH)_2citr_2]^{6-}$ ergaben bei Organverteilungsstudien an

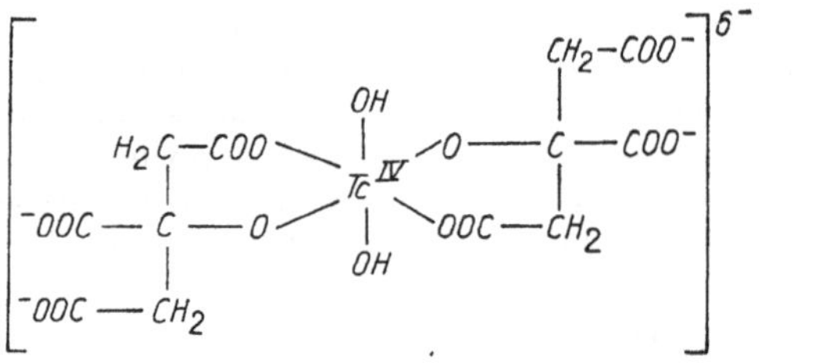

Abb. 1. Strukturformel von $[Tc(OH)_2 \, citr_2]^{6-}$

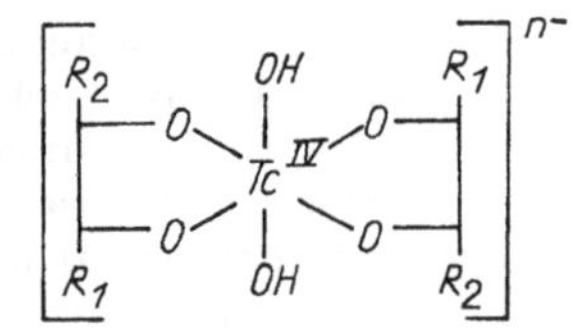

Abb. 2. Allgemeine Struktur monomerer Tc(IV)-Komplexe der Hydroxycarbonsäuren

Wistarratten ein ähnliches Verteilungsmuster. Beide Komplexe wurden hauptsächlich über den Harntrakt unter Anreicherung in den Nieren eliminiert. Im Gegensatz dazu wurde ein polymerer Monocitrato-Komplex des Technetium(IV), d. i. $[Tc(OH)_3 \, citr_n]$, in der Leber konzentriert, wie es im allgemeinen kolloidale Präparate tun. Wenn man die langsame Reduktion von Technetium(V) zu Technetium(IV) in Citratlösung betrachtet, dann ist es wahrscheinlich, daß Technetium-99*m*-Citrat in frisch präparierten radiopharmazeutischen Zubereitungen hauptsächlich als Technetium(V)-Oxodicitrat vorliegt.

Die Möglichkeit der Komplexierung von Technetium mit weiteren Metaboliten wurde in einer Reihe von Carbonsäuren und Hydroxycarbonsäuren (Äpfelsäure, Weinsäure, Glutarsäure, Fumarsäure, Maleinsäure, Malonsäure und Bernsteinsäure) untersucht. Die entsprechenden Komplexe wurden von zwei verschiedenen Oxydationsstufen des Tc ausgehend hergestellt: einerseits aus Pertechnetat durch Reduktion mit Zinn(II) in Gegenwart der Liganden, andererseits durch Umsetzung von Kaliumhexabromotechnetat, K_2TcBr_6, mit den Liganden. Die Reaktionsprodukte wurden gelchromatographisch bzw. durch Präzipitation mit Methanol abgetrennt und durch chemische Analyse, UV- und IR-Spektroskopie, Dünnschichtchromatographie und Gelchromatographie charakterisiert. Den Untersuchungen zufolge findet eine Komplexbildung mit Tc(V) oder

Tc(IV) nur mit Liganden statt, in deren Molekül Hydroxy- und Carboxylgruppen unmittelbar benachbart sind. Das ist ersichtlich, wenn man Äpfelsäure und Glutarsäure vergleicht. Während Äpfelsäure purpurviolette Technetium(IV)- und hellblaue Technetium(V)-Verbindungen in Gegenwart von mehr als 2 Molekülen Säure pro Molekül Technetium bildet, werden mit Glutarsäure oder anderen Di- oder Polycarbonsäuren keine Komplexe mit Hexabromotechnetat oder Pertechnetat/Zinn(II) bei physiologischem *p*H gebildet. Es entstehen nur Technetiumdioxidkolloid oder Präcipitate.

Gleiche Ergebnisse erhält man, wenn Malonsäure, Bernsteinsäure und Maleinsäure anstelle der Glutarsäure verwendet werden. Dagegen ist α-Hydroxyisobuttersäure in der Lage, stabile Technetium(IV)-Verbindungen zu bilden.

Hinsichtlich der Existenz von stabilen Komplexen des Technetiums mit organischen Säuren (Carbonsäuren, Hydroxycarbonsäuren) wird deshalb das Vorhandensein einer α, β-Hydroxycarboxyl-Gruppierung im Ligandmolekül als Kriterium für die Markierbarkeit angesehen.

Markierung von Polyhydroxyverbindungen

Polyhydroxyverbindungen kommen in biologischen Systemen z.B. als Kohlenhydrate, Nukleotide, Nukleoside vor. Einige neue Technetium-99*m*-Radiopharmaka basieren auf dieser chemischen Klasse von Verbindungen. Außer markierter Ascorbinsäure, die schon seit langem gebräuchlich ist, gehören dazu ^{99m}Tc-markierte Kohlenhydrate und -derivate, wie markierte Glucose, Gluconsäure, Mannose, Glucoheptonat u. a. [9—12]. In unseren Untersuchungen zur Chemie der Markierung sind die Liganden systematisch in ihrer Struktur verändert worden, indem wir Äthylenglycol, Glycerin, Ribose, Glucose, Saccharose, Stärke, Nukleoside und Nukleotide verwendeten.

Obwohl bisher keine reinen Technetiumverbindungen isoliert wurden, können doch vorläufige Schlußfolgerungen aus dem chemischen und physikochemischen Verhalten gezogen werden.

Eine Markierung von Polyhydroxyverbindungen mit Technetium kann dann erreicht werden, wenn in dem Molekül zwei α, β-Hydroxy-gruppen in cis-Konfiguration vorhanden sind. Dies ist offensichtlich, wenn man Ribose und Desoxyribose vergleicht. Nur im ersten Fall findet eine Komplexbildung statt. Dagegen ist in einem Gemisch von Desoxyribose und Pertechnetat/Zinn(II) in alkalischer Lösung (*p*H 11—12) nur Technetiumdioxid nach vorsichtiger Neutralisation erhältlich. Die Farben der Technetiumverbindungen geeigneter Polyole ähneln denen der Hydroxycarbonsäure-Komplexe. Sämtliche Verbindungen zeigen eine intensive Purpurviolett-Färbung. Versuchen mit ^{14}C-markiertem Glycerin zufolge sind wahrscheinlich 2 Liganden an Technetium(IV) gebunden. Da diese Verbindungen Anionen sind, enthalten sie vermutlich 2 Hydroxylgruppen zusätzlich.

Markierung von Mercaptoverbindungen

Eine Reihe von Autoren [13—21] haben Technetium-99*m*-markierte sulfhydrylhaltige Aminosäuren, Carbonsäuren und heterocyclische Verbindungen als potentielle Radiopharmaka empfohlen. Technetium-99*m*-markierte Dimercaptobernsteinsäure [17, 18], Mercaptoisobuttersäure [19], Penicillamin [13], Thioglucose [20] und Dihydroliponsäure [21] erweisen sich als geeignete szintigraphische Agentien.

Wir verfolgten das Ziel, die Rolle von Schwefeldonoren in Technetiumkomplexen zu untersuchen. Besonders Dithiole und Mercaptocarbonsäuren sind in der Lage, Technetium niederer Oxydationsstufe zu binden, wie bereits aus der analytischen Chemie bekannt ist.

Neben vorläufigen Untersuchungen über Technetiumkomplexe des Thioglycols, Mercaptoäthanols und der Thioglycolsäure ist eine detaillierte Untersuchung über die Bildung von Cysteinkomplexen [3] vorgenommen worden. Cystein kann als Basisstruktur für andere interessante Verbindungen, wie Penicillamin, betrachtet werden. Es wurde ein reiner Technetium(V)-Cysteinkomplex isoliert und charakterisiert. Die Verbindung enthält 2 Cysteinreste zusammen mit einer Oxogruppe, wie durch chemische Analyse und IR-Spektroskopie nachgewiesen wurde.

Die Kinetik der Reduktion von Pertechnetat durch Mercaptoverbindungen (u. a. Cystein, Cysteinäthylester, Dimercaptobernsteinsäure) wurde in wäßriger saurer Lösung untersucht. Die Reaktion verläuft über einen geschwindigkeitsbestimmenden nukleophilen Angriff der Mercaptoverbindung an das im vorgelagerten Gleichgewicht protonierte Pertechnetat. Die untersuchten Tc(V)-Komplexe der Mercaptoverbindungen sin in wäßriger Lösung stabil, sofern ein Überschuß an Reduktionsmittel vermieden wird. Bei Einwirkung von Zinn(II) geht der Tc(V)-Cysteinkomplex in unterschiedliche Produkte des Tc(IV) über [3]. Für die üblichen radiopharmazeutischen Zubereitungen ^{99m}Tc-markierter Mercaptoverbindungen ist deshalb das Vorliegen von Tc(IV) anzunehmen.

Günstige Strukturvoraussetzungen für die Markierung von Mercaptoverbindungen sind die folgenden:

— α-β-cis-Dimercaptogruppen oder

— α-β-Mercaptoaminogruppen oder

— α-β-Mercaptohydroxygruppen oder

— α-β-Mercaptocarboxylgruppen.

Eingegangen am 31. 8. 1978

Literatur

[1] *M. D. Loberg, M. Cooper, E. Harvey, P. Callery, W. Faith*, J. Nucl. Med. 17 (1976) 633

[2] *W. C. Eckelman, S. M. Karesh, R. C. Reba*, J. Pharm. Sci. 64 (1975) 704

[3] *B. Johannsen, R. Syhre, H. Spies, R. Münze*, J. Nucl. Med. 19 (1978) 816

[4] *J. G. McAfee*, Intern. Symp. on Radiopharmaceuticals Atlanta 1974

[5] *J. Steigman, G. Meinken, P. Richards*, Intern. J. appl. Radiat. Isotopes 26 (1975) 601

[6] *W. C. Eckelman, G. Meinken, P. Richards*, J. Nucl. Med. 13 (1974) 577

[7] *A. Yokoyama, S. Okumura, H. Sazi*, Recent Advances in Nucl. Med. (1974) 872, First World Congress of Nucl. Med. Tokyo 1974

[8] *R. Münze, B. Großmann*, Ann. report Central Institute of Nucl. Res. Rossendorf (1976) ZFK – 312 123

[9] *E. Lebowitz, N. Solomon, N. Siddhivara* et al., J. Nucl. Med. 13 (1972) 786

[10] *O. Charamza, M. Budikova*, Nucl. Med. 8 (1969) 301

[11] *A. F. McLaughlin, J. G. Morris, E. Crocker* et al., Proc. Symp. on Medical Radioisotope Scintigraphy IAEA – Vienna Vol. II p. 289

[12] *R. W. Arnold, G. Subramanian, J. G. McAfee* et al., J. Nucl. Med. 15 (1974) 475

[13] *M. Tubis, G. T. Krishnamurthy, J. S. Endow* et al., J. Nucl. Med. 1972, 652

[14] *H. Lichte, G. Hoer*, Fortschr. Geb. Roentgenstr. Nuklearmed. 122 (1972) 119

[15] *P. L. Hagan, P. R. Ayres, S. E. Halpern* et al., J. Nucl. Med. 16 (1975) 531

[16] *F. C. Hunt, D. J. Maddalena, M. G. Yeates*, Recent Advances in Nucl. Med. Tokyo 1974 869

[17] *T. H. Lin, A. Kenthigan, H. S. Winchell*, J. Nucl. Med. 15 (1974) 512

[18] *D. Enlander, P. M. Weber, L. V. dos Remedios*, J. Nucl. Med. 15 (1974) 743

[19] *T. H. Lin, A. Khentigan, H. S. Winchell*, J. Nucl. Med. 15 (1974) 613

[20] *H. Deckart, J. Weiland, A. Blottner*, Radiobiol. Radiother. 17 (1976) 674

[21] *R. A. Jacksen, T. F. Bolles*, Kubiatowicz et al., J. Nucl. Med. 14 (1973) 411

Программа для развития и производства наборов для радиоиммунологического анализа (РИА — КИТОВ) в ГДР*)

Г. Формум, Х. Херцманн

(Центральный институт изотопных и радиационных исследований АН ГДР)[1])

В начале представляются уже производимые в ГДР наборы проб: Тиро-Кап, Тиро-Кон, Тиро-КТ, Витамин B_{12} и Т-3-РИА, плюс Инсулин-РИА от Центрального Института Ядерных Исследований в Россендорфе.

В настоящее время, два основных направлений развития выявляются: Лабораторная диагностика щитовидной железы и определение половых гормонов. В 1978 г. диапазон диагностики щитовидной железы расширился производством РИА Т4, а в 1979 г. он будет расширяться производством набором проб типа ТСХ-РИА. В области анализа половых гормонов в 1978 г. было освоено производзство РИА тестостерона. Разрабатываются наборы проб прогестерона, эстрадиола и эстриола. Стоит отметить, что стремление идет к преимущественному мечению стероидов ^{125}J. К началу восьмидесятых годов готовятся наборы проб кортизола, дигоксина и других стеоидов. Производство набора типа ЛХ было начато в 1978 г.

По мере возможности наборы проб характеризуются в отношении их методики и применяемых материалов.

(B 13) INIS DESCRIPTORS:

planning; production; radioimmunoassay; radiopharmaceuticals; ZFK Rossendorf

Примерно 6 лет в ГДР занимаются развитием и производством наборов для радиометрического или радиоиммунологического определения гормонов и других диагностически важных соединений, в основном на базе Центрального института изотопных и радиационных исследований, в лаборатории источников излучения и радиофармацевтических препаратов в Берлин-Бухе.

Цель этих первых работ была разработка тестов ,,Thyrocon'' и ,,Thyrocap'', позволяющих определить содержание T_4 (тироксина) и TBG (ТСТ) в человеческой сыворотке. Thyrocon работает по принципу анализа компетитивного связывания белков, в то время как Thyrocap, известный также под названием T_3-uptake-test, показывает содержание TBG по принципу анализа радиореагента при помощи меченного T_3.

В течение нескольких лет оба теста были выработаны в Центральном институте изотопных и радиационных исследований. Это дало нам возможность подробно ознакомиться со многими проблемами, возникающими при производстве тестов и их компонентов (индикаторов, антисывороток и средств для разделения).

Кроме того, нам пришлось подробно заниматься проблемами диагностики щитовидной железы.

Для выполнения новых научных задач мы были вынуждены передать производство указанных тестов химической промышленности (Народное предприятие Файнхеми Зебнитц) примерно два года тому назад.

В качестве основы для планомерного развития производства ин-витронаборов в ГДР служила научная документация об этой области, разработанная в Центральном институте изотопных и радиационных исследованний в 1973 году. В этой документации были установлены между прочим предполагаемая потребность в наборах, а также имеющиеся возможности для развития и производства.

*) Vortrag auf dem II. RGW-Symposium über radiopharmazeutische Präparate, Kasimierz Dolny (VRP) Oktober 1977

[1]) Anschrift: 1115 Berlin-Buch, Lindenberger Weg 70

В сотрудничестве с

— министерством здравоохранения
— государственным институтом фармацевтических средств
— изокоммерц и
— преставителями медицинских учреждений ГДР

мы составили, ихсодя из указанной документации длительную рабочую программу, определяющую прежде всего очередь приоритета разрабатываемых тем.

Эта программа была актуализирована по крайней мере в годовых интервалах, потому что

— накопилисı новые познания в области диагностики,
— опыт в развитии и производсетве тест-наборов создал новые условия в производстве,
— были установлены новые отношения кооперации и
— были найдены новые области для применения тест-наборов в ГДР.

Приложенная таблица дает вам обзор о программе работ в настоящее время.

Работы, проводимые в рамках этой программы, в основном распространяются на пять комплексов:

1. Развитие и производство индикаторов с крайне высокой удельной активностью и высокой радиохимической чистотой.
2. Развитие разделительных средств с разносторонним применением (например ионообменных фольг; пластмассовых шариков, нагруженных антителами).
3. Разработка и опробование тест-систем.
4. Изготовление или получение антисывороток и стандартных сывороток.
5. Предоставление (возможно и конструкция и опробование) тест-трубок, упаковочного материала и т. д.

О вопросах изготовления индикаторов найвысшего качества еще будет сообщено на этом симпозиуме. Я

Область диагностики	Тест	Вероятный срок начала производства	Изготовитель
Шитовидная железа	Thyro-con	с 1973	VEB Feinchemie, Sebnitz
	Thyro-cap	с 1973	VEB Feinchemie, Sebnitz
	Thyro-KT	с 1977	VEB Feinchemie, Sebnitz
	T 3-Ria	с 1977	AdW der DDR
	TSH-Ria	с 1978	Zentralinstitut für Isotopen-
	T 4-Ria	с 1978	und Strahlenforschung
			Bereich SN, Berlin-Buch
стероидные гормоны	Testosteron-Ria	с 1978	VEB Sächs. Serumwerk, Dresden
	Progesteron-Ria	1979	AdW der DDR
	Oestradiol-Ria	1979	Zentralinstitut lür Isotopen-
	Oestriol-Ria	1979	und Strahlenforschung
			Bereich SN, Berlin-Buch
гонадотропины	LH-Ria	с 1978	VEB Sächsisches Serumwerk, Dresden
другие протеогормоны	инсулин	с 1971	AdW der DDR Zentralinstitut für Kernforschung, Rossendorf
	витамин B_{12}	с 1976	AdW der DDR Zentralinstitut für Isotopen- und Strahlenforschung Berlin-Buch
		с 1978	VEB Feinmechanik, Sebnitz

хочу только добавить, что наши работы распространяются на тироидные гормоны T_3; T_4, на стероиды тестостерон, прогестерон и приведенные в таблице эстрогены, а также на некоторые протеогормоны.

Все указанные соединения метят йодом-125. Нами предусмотрено, в случае необходимости, снабжать стероидные тесты также тритиированным индикатором, но это будет ограничено на некоторые исключения. Развитие подходящего разделительного средства, в нашем случае ионообменной фольги, было важной предносылкой для производства всех тироидных тестов. В связи с этим требованием, в сотрудничестве нескольких лабораторий нашего Центрального института в течение последних двух лет был разработан продукт, который вполне отвечает требованиям теста.

Мы намереваемся провести с его помощью разделение связанной и свободной активности у всех тестов для определения низкомолекулярных гормонов. Кроме того, варианты теста твердой фазы и методы двойных антител являются предметом дальнейших исследований.

Над опробованием и оптимизацией этих тестов в настоящее время работают 6 ученых и примерно такое же число технических сотрудников, что позволит нам выполнить нашу рабочую программу в ближайшие годы.

Мы сами изготовляем лишь небольшую часть требуемых антисывороток. Для неимуногенных гормонов мы изготовляем лишь конъюгаты, в то время как иммунизация производится в государственном институте сывороток или в заводе сывороток в ГДР, Небольшая часть специальных сывороток подлежит импорту.

Поступила в редакцию 31/VIII 1978 г.

Новые тенденции в развитии продукции радиофармацевтических препаратов*)

И. Гэлэцеану, Г. Петеу, М. Маринеску

(Инзтитут Ядерной Физики и Технологии Бухарест, СРР)[1])

Несмотря на множество публикаций, посвященных в первую очередь вопросам развития, производства, испытания и контроля качества радиофармацевтических изделий, многое еще не известно что касается механизма реакции этих соединений — как в связи с радиоактивным мечением, так и в отношении метаболизма в теле. Этим вопросам уделяется возрастающее внимание. Некоторые из основных задач обязняются более подробно. К ним относятся:

— *Побочные реакции в связи с мечением, вызванные загрязнениями (продуктами радиолиза) из элюатов генераторов, в частности генераторов ультракороткоживущих никлидов, требующих высокой начальной активности;*

— *Процессы, происходящие в связи с мечением биологически активных препаратов (комплексообразователей, препаратов для РИА или гораносцинтиграфии) с последствиями в отношении загрязнений;*

— *Изменения структуры или свойств радиофармацевтических препаратов* in vivo *при переносе к критическому органу.*

(B 13) INIS DESCRIPTORS:

labelling; production; reaction kinetics; radionuclide kinetics; radiopharmaceuticals

Развитие ядерной медицины тесно связано с развитием продукции новых радиофармацевтических препаратов. В настоящее время существует большое число опубликованных работ, описывающие разные проблемы их разработки и контроля качества. Вопреки этих хороших достижений, в области химии и особенно в познании механизмов реакции радиофармаконов с компонентами крови и их локализирования в критических органах, далеко не вполне изучены. В этом направлении дальнейшие основные исследования необходимо провести.

В последующее, буду перечислить некоторые наиболее важные и актуальные аспекты дальнейшего развития производства радиофармацевтических препаратов:

1. Химия генераторов

Как известно, химия технеция, одного из самых распространенных радионуклидов в медицинской практике, еще не вполне изучена. Еще не известно с уверенностью в каком валентном состоянии технеций предпочтительно связан с лигандами и протеинами плазмы и биологической ткани. Например, на практике часто встречаются случаи, когда элюирование генераторов технеция осуществляется с непостоянным выходом по технецию — 99м, в зависимости от общей активности на генераторе и от времени его изготовления. Было замечено, что в случае генераторов с активностью от 50—100 мКюри и выше выход элюирования значительно меньше чем у тех с меньшей активностью например 25 мКюри. По видимому это явление обясняется радиолитическими эффектами над технецием, восстанавливая его до низших валентных состояний, которые сильнее адсорбированы на окиси алюминия чем семивалентного технеция.

Проблема авторадиолиза станет более важной для будущих генераторов ультракороткоживущих радионуклидов для которых необходима большие активности исходного радионуклида, например.

$$^{77}Br/^{77m}Se\ T_{1/2} = 17\ \textit{сек} \text{ и } ^{109}Cd/^{109}Ag\ T_{1/2} = 39\ \textit{сек},$$

$$^{137}Cs/^{137m}Ba\ T_{1/2} = 2{,}5\ \textit{мин},\ ^{122}Xe/^{122}J\ T_{1/2} = 3{,}5\ \textit{мин}.$$

Возможно, что при добавлении на колонках разных окислителей, стабилизаторов и бактериостатов, удастся устранить эти отрицательные явления. Поэтому дальнейшие исследования по таким проблемам необходимо провести.

2. Химия процессов мечения фармацевтических препаратов радиоизотопами

Быстрое развитие методов получения радиофармацевтических препаратов в начальных годах произошло более на основе эмпирических данных. В этом отношении аспекты основного исследования процесса и особенно поведения радионуклидов в ультрамапных к-циях при реакциях комплексообразования и их введения в данное соединение мало изучены. При этом познание валентного состояния и химической формы радионуклида для мечения и получения радиофармацевтических препаратов очень важно.

Недавно была отмечена трудность в случае генераторов ^{99м}Tc большой активности при мечении радиофармацевтических препаратов, проявляемая технецием 99 (долгоживущий $T_{1/2} = 2{,}5 \cdot 10^5$ *г*), находящийся вместе с технецием ^{99}Tc в элюате очень малая с 10 *м-Кюри* ^{99м}Tc генерирует $3{,}3 \cdot 10^{-6}$ *мг* ^{99}Tc все-таки это

*) Vortrag auf dem II. RGW-Symposium über radiopharmazeutische Präparate, Kasimierz Dolny (VRP) Oktober 1977

[1]) Anschrift: Bucharest, B. P. 4614

снижает в значительной степени выход процесса мечения. 2 *мг* Sn насышая реагирующие центры лиганда, или расходует быстрее количество восстановительного агента 2 *мг* Sn.

То же самое можно думать и по отношению ионов алюминия (в виде алюмината или хлорида алюминия) выходящих из колонки генератора, которые могут реагировать (компенсировать) с реактивными центрами лиганда. Кроме того, для восстановления всего олова (99 *м* + 99) необходимы большие количества хлористого олова особенно учитывая большую склонность олова к гидролизу и колоидообразованию.

Другая важная проблема — это мечение фармацевтических препаратов с коротко — и ультракороткоживущими радионуклидами. Для этой цели необходимо разработать новые и скорые методы мечения, которые не снизили бы биологическую целостность данного препарата, например с ^{123}J и ^{18}F и другие.

В то же время метод должен быть специфичен, т. е. мечение должно осуществляться в специфических положениях.

В настоящее время ведутся исследования в разных лабораториях, чтобы найти более совершенствованные методы мечения радиофармацевтических препаратов как гаптены и некоторые белки с радиоизотопами так чтобы сохранить в целиком биологическую целостность препарата. В случае мечения йодом такой медто, являющийся более надежным это энзиматическое окисление йода или уже применяющееся на практике электрохимическое окисление.

Для сохранения биологической целостности препарата (гаптены) хорошие результаты дает метод конюгатов т. е. мечение йодом или другим радионуклидом тирозиного остатка (радикала), который дальше соединяется (конюгируется) с основной молекулой данного препарата, назначенного для иммуноанализа.

Препараты, которые более чувствительны к изменениям своих иммунологических свойств могут таким образом быть мечеными йодом или тритием.

Этот метод расширяет на иной возможности применения большого ряда соединений, предназначенных для радиоиммуноанализа.

Другое направление — это поиск новых радиофармацевтических препаратов для локализирования опухолей печени.

Нами была изучена возможность применения некоторых гормональных препаратов т. е. стероидов, производных эстрадиола, меченых йодом-131 в качестве сцинтиграфических агентов для определения опухолей предстательной железы применяя метод мягкого окисления с хлорамином или электрохимического окисления радиоактивного йода. Также провели исследования для определения формы комплексообразования. Ниже показываются результаты сцинтиграфии предстательной железы.

3. Поведение и стабильность радиофармацевтических препаратов in vivo

Радиофармацевтические препараты после их введения в организм реагируют с белками (протеинами) плазмы крови и биологической тканы или с внешклеточными жидкостями. При этом они могут потерпеть изменения в их структуре благодаря энзиматических реакций особенно при их большом разбавлении в этих средах с одной стороны и привести также изменения в их физико-химических свойствах.

В этом отношении дальнейшие исследования необходимы для выяснения механизма реакции in vivo радиофармацевтических препаратов с компонентами плазмы и их транспорта до критического органа. Предполагается, что при этом образуются комплексы с некоторыми глобулинами особенно с бета-глобулинами, которые нестабильны и в данном органе диссоциируют и реагируют с местными белками. При этом предполагаются две формы реакции:

а) молекулы радиофармацевтического препарата реагируют с активными центрами (лабильные группировки) белков,

б) молекулы радиофармацевтического препарата реагируют с другими частями белков.

Таким образом, радиофармацевтические препараты могут образовать разные химические связи с белками, как например: ионные, водородные, ковалентные связи типа Лондона между двумя ароматическими группировками и одной алифатической группировкой и т. д.

Поступила в редакцию 31/VIII, 1978 г.

Актуальное состояние и направления дальнейшего развития производства радиофармацевтических препаратов в польше*)

Ч. Дептула, А. Сюда, Я. Виза, Я. Поточки, К. Зеленай, Т. Радошевски

(Центр производства и распространения изотопов Института ядерных исследований, Сверк, Польша)[1])

В работе представлены актуальное состояние производства радиофармацевтических препаратов в Польше и основные направления его развития в ближайшие годы.

(B 13) INIS DESCRIPTORS:

planning; Poland; production; radiopharmaceuticals

Производство радиофармацевтических препаратов в Польше ведется исключительно в Центре производства и распространения изотопов Института ядерных исследований в Сверке. Первые препараты были выпущены в 1960 году на основе мишеней, облучаемых в первом в Польше исследовательском реакторе ,,EWA'', построенном Советским Союзом. В настоящее время реактор ,,EWA'' обладает мощностью 10 *Мвт* и максимальной плотностью потока термических нейтронов порядка $1{,}2 \times 10^{14}$ нейтр/*см*^{2} · *с*.

В период 1960—70 гг работы Центра были направлены на разработку и пуск производства простых неограничехски соединений, применяемых в медицине, таких как, напр. йод-131, йод-125, фосфор-32, сера-35, хром-51, кальций-45, железо-59 и стронций-85, а также органических соединений, меченых главным образом йодом-131 и йодом-125.

Ассортимент разработанных в период 1960—70 гг и выпускаемых в настоящее время меченых органических соединений насчитывает примерно 50 наименований препаратов. К числу важнейших препаратов с точки зрения всеобщности их применения в медицине относятся, в частности, гиппурат, бенгалькася роза, трийодолеин, олеиновая кислота, 4-йодантипирин, человеческий альбумин, макроагрегаты альбумина и фибриноген, меченые изотопами йода, а также альбумин, меченый хромом-51.

В течение нескольких последних лет работы Центра были сосредоточены, главным образом, на разработке и внедрении в производство:

а) радиоизотопных генераторов и клинических наборов для применения ,,in vivo''
б) наборов для радиоиммуноанализа

Эта проблематика более подробно будет обсуждена дальше. Выпускаемые в Центре радиофармацевтические препараты подвергаются многостороннему контролю, в частности контролыруеются стерильность, присутствие пирогенов, изотопичность радионуклидная чистота, химическая чистота, радиохимическая чистота, определяются концентрация основного вещества и радиоактивная концентрация. Радионуклидная чистота определяется при помощи 8000-канального спектрометра фирмы Nuclear Data с применением сцинтилляционных и полупроводниковых детекторов.

Остальные параметры определяются, главным образом, следующими методами: спектрографическим, спектрфотометрическим, хроматографическим (бумажной, тонкослойной, газовой), а такжс электрофоретическим.

В настоящее время разрабатываются методы контроля радиофармацевтических препаратов с использованием высокоскоростной жидкостной хроматографии.

Радиоизотопные генераторы и наборы ,,in vivo''

В настоящее время Центр выпускает радиоизотопные генераторы технеция-99*м* и индия-113*м*. Максимальная активность обоих типов генераторов составляет 50 *мКи*. В период 1970—74 гг. в Центре производились генераторы технеция-99*м* из продуктов деления урана активностью до 60 *мКи*.

В 1974 году производство этих генераторов по техническим причинам было остановлено (отсутствие производственных камер с соответствующей защитой). В настоящее время разрабатываются новые типы генераторов технеция-99*м* активностью 500 *мКи* и индия-113 *м* активностью 100 *мКи*.

Эти генераторы будут выпускаться начиная с 1979 года на основе натуральной окиси молибдена и обогащенной окиси олова, облучаемых в реакторе ,,MARIA'', в котором максимальная-плотность нейтронного потока достигает величины 3×10^{14} нейтр/*см*^{2} · *с*.

Из числа клинических наборов ,,in vivo'', предназначенных для получения в медицинских учреждениях радиофармацевтических препаратов, меченых короткоживущими изотопами, а именно технецием-99 *м* и индием-113 *м*, выпускаются следующие:

а) коллоиды и макроагрегаты, применяемые в сцинтиграфии легких, и селезенки;
б) комплексы с диэтиленпентааминотетрауксусной кислотой, предназначенные для сцинтиграфии головного мозга и исследования функции почек;
в) микросферы альбумина, меченые также йодом-131, предназначенные для сцинтиграфии легких,
г) человеческий трансферрин, меченый индием-113 *м*, предназначенный для исследования плаценты.

---

*) Vortrag auf dem II. RGW-Symposium über radiopharmazeutische Präparate, Kasimierz Dolny (VRP) Oktober 1977

[1]) Anschrift: P-05-400 Swierk k/Otwocka

Производимые в Центре наборы ,,in vivo'' обладают очень высоким качеством, легко приготавливаются и могут также использоваться с генераторами, выпускаемыми другими фирмами, такими как, напр. PC Amerscham, New England или Isocommerz.

Ассортимент производимых клинических наборов для применения ,,in vitro'' в будущем также будет систематически расширятсья. Уже разработаны методы получения пирофосфатов, меченых технецием-99 *м* для исследования костной системы, глюконогалактоглюконата кальция, меченого технецием для исследования костной системы, глюконогалактофглюконата кальция, меченого технецием для исследования почек, а также миллимикросфер, меченых технецием-99 *м*, индием-113 *м*, и йодом-131 для исследования печени. Выпуск этих наборов начался в 1978 году.

Наборы для радиоиммуноанализа

Ассортимент выпускаемых наборов для анализа ,,in vitro'' охватывает радиоиммукологические наборы для определения концентрации инсулина, соматотропного гормона и трийодтиронина, основанные на методе угля ,,одетого'' декстраном, радиоиммунологический набор для определения концентрации хорионического гонадотропина, основанный на методе твердой фазы а также конкурирующий набор для определения степени связывания трийодтиронина белками плазмы. Кроме того выпускаются препараты инсулина, соматотропного гормона, хорионического гонадотропина и трийодтиронина, получаемые по методу с хлорамином Т, предназначенные для радиоиммуноанализа и радиорецепторных исследований ,,in vitro''.

Для всех иммунореагентов и наборов в качестве радиоактивной метки применяется йод-125. Поэтому много внимания уделяем исследованиям по изучению процессов йодирозания, особенно белков. Кроме применяемого в настоящее время метода мечения с хлорамином Т началась разработка новых способов введения йода в молекулу белка, а именно энзиматический метод и метод сопряжения. В ближайшее время планируется внедрить энзиматический метод в рутинную практику. Планируется также ввести изменения в процесс очистки меченых антигенов, заключающиеся в более широком использовании электрофоретических способов кроме применяемого в настоящее время метода гель-хроматографии.

Работы в области методов отделения комплекса от свободного антигена направлены на разработку унифицированного способа разделения для всех изготавливаемых нами наборов. Унифицированный способ должен обеспечить не только более высокую чувствительность, точность и тщательность выполнения анализов в клинических условиях, но он должен удовлетворять определенным требованиям, вытекающим из технологии изготовления наборов и, прежде всего, возможности частичной автоматизации наиболее трудоемких операций. В отношении новых наборов планируется прежде всего вести разработку современных

Табл. 1. Ассортимент и рост количества выпускаемых радиофармацевтических препаратов в годы 1974—76

Название препарата	1974		1975		1976	
	Фасовки шт	Стоимость %	Фасовки шт	Рост по стоимости %	Фасовки шт	Рост по стоимости %
1	2	3	4	5	6	7
$Na^{131}J$	21300	100,0	30500	116,1	35400	135,5
Экспорт	1600	100,0	5600	109,1	9100	136,4
$Na^{125}J$	200	100,0	400	250,0	600	300,0
Экспорт	20	100,0	100	600,0	200	500,0
Йодорганические соединения	2420	100,0	2200	100,0	2040	100,0
Экспорт	1300	100,0	1000	100,0	800	100,0
Белки	900	100,0	1300	113.6	1600	150,0
Экспорт	300	100,0	500	140,0	700	260,0
Гормоны	1200	100,0	1400	121,7	1100	100,0
Экспорт	900	100,0	1100	113,3	800	100,0
Наборы RIA	530	100,0	1100	270,0	2050	500,0
Экспорт	70	100,0	300	700,0	800	1700,0
Генераторы ^{99M}Tc	280	100,0	30	100,0	550	190,9
Экспорт	40	100,0	10	100,0	—	—
Генераторы ^{113m}In	40	100,0	70	158,3	100	241,7
Экспорт	10	100,0	40	400,0	50	700,0
Наборы „in vivo"	630	100,0	1030	181,8	2100	327,2
Экспорт	60	100,0	440	500,0	1050	1600,0
Неорганические соединения	1450	100,0	1430	100,0	1460	100,0
Экспорт	330	100,0	480	200,0	470	250,0
Итого	28950	100,0	39460	120,6	47000	162,6
Экспорт	4630	100,0	9570	135,7	13970	184,2

методов радиоиммуноанализа тех антигенов, определение концентрации которых производиться с помощью наборов, выпускаемых до сих пор ЦПиРИ.

В рамках правительственной программы ,,Борьба со злокачественными заболеваниями'' разрабатываются наборы для радиоиммунологического определения концентрации карциноэмбрионального антигена (CEA) и альфафетопротеина (AFP).

До настоящего времени в стране получены требующиеся иммунологические наборы и ведутся интенсивные исследования, целью которых является разработка методов определения концентраций CEA и AFP.

В дальнейшем будущем, одновременно с систематическим расширением ассортимента РИА-наборов для клинической диагностики планируется начать разработку наборов для массовых контрольных исследований многочисленных групп населения, в частности с целью выявления присутствия антигена Австралия. Производство этих наборов так же как и всех остальных будет развиваться на базе биологического материала отечественного производства.

Производимые в Центре радиофармацевтические препараты применяются в более чем 70 медицинских учреждениях Польши. Многие из них экспортируются в социалистические страны, в Федеративную Республику Германии и в Швейцарию.

Расширение ассортимента и рост выпуска радиофармацевтических препаратов иллюстрируют данные, представленные в таблице 1. Из данных табл. 1 вытекает, что в период 1974—76 гг выпуск радиофармацевтических лрепаратов увеличился на 65% а экспорт на 86%. В 1976 году экспорт составил 42% вагового выпуска этих препаратов. Из данных табл. 1 вытекает также и то, что особенно динамично развивается производство наборов для радиоиммуноанализа, радиоизотопных генераторов, наборов ,,in vivo'' и йода-125. Производство остальных групп радиофармацевтических препаратов характеризуется небольшой динамикой роста, а в случае йодорганических соединений наблюдается даже уменьшение их выпуска. Данные за 1977 год показали, что выпуск радиофармацевтических препаратов по сравнению с 1976 годам увеличился примерно на 30%.

Поступила в редакцию 31/VIII, 1978 г.

Общие проблемы научно — исследовательских работ по радиоактивным препаратам медицинского назначения в ЧССР *)

К. Свобода

(Институт Ядерных исследований, Ржеж)[1])

О. Тополчан

(Медицинский факультет, Плзень)

В последние годы в ЧССР быстро развивается применение методов ядерной медицины. Это касается как методов ,,ин виво'' так и методов ,,ин витро'', среди которых особое место занимает радиоиммуноанализ. В связи с этим необходимо разрабатывать радиоактивные препараты медицинского назначения для собственного производства в ЧССР. Научно-исследовательскую работу необходимо проводить в кооперации с рядом учреждений по координационному плану. Для планирования и управления этих работ применены методы операционного анализа. Приведены сетевие графики, обясняющие логическую связь между отдельными шагами при развитии и наладке производства радиофармацевтического препарата и набора для радиоимуноанализа.

(B 13) **INIS DESCRIPTORS:**

coordinated research programs; Czechoslovak organisations; Czechoslovakia; planning; production; radioimmunoassay; radiopharmaceuticals

1. Введение

Чехословакия является страной с относительно развитой ядерной медициной. В больницах всех десяти областных городов оборудованы ядерно-медицинские отделы, которые кроме простых приборов в большинстве случаев также оснащены стинтиляционными камерами. Отделы ядерной медицины имеются также в целом ряде больниц и поликлиник в районных городах. Эти лаборатории, как правило, оснащены только измерительными приборами для простого определения функций отдельных органов, иногда также сцинтиграфом. В самой Праге проводится-медицинский осмотр с помощью радиофармацевтических препаратов в шести клиниках. Общее колижество ядерно-медицинских центров приближается к 50. Число осмотров с помощью радиофармацевтических препаратов возросло с 1971 года на 385% и превзошло в 1976 году двести тысяч осмотров в год.

Среди методов ,,ин виво'' одно из передних мест занимает функциональное исследование почек ортойодгиппуратом меченым йодом-131 и щитовидной железы йодидом-131. Широко применяются функциональное и сцинтиграфическое исследование других органов (почек, мозга, легких, сердца, панкреата, костей итд).

*) Vortrag auf dem II. RGW-Symposium über radiopharmazeutische Präparate, Kasimierz Dolny (VRP) Oktober 1977

[1]) Anschrift: 170-04 Praha 7, Pristavni 531/24

Особое место здесь занимают радио-фармацевтические препараты на основе технеция 99*м*, в меньшей степени индия-113*м* получаемых из генераторов. Соответствующие органические препараты (напр. судфурколлоид, ЭДТА, глюконат, пирофосфат и т. д.) приготавливаются на основе наборов, в больших центрах некоторые из препаратов приготавливаются польностью собственными силами. На коммерческой базе производится в ЧССР пока два широкоприменяемых радиофармацевтических препарата, именно йодгиппурат и бенгальская роза, оба меченые йодом-131; поставляются по понедельникам по переменно, через неделю, в чётные недели бенгальская роза, нечетные недели йодгиппурат. Остальные препараты надо импортировать от производителей как из социалистических так и капиталистических стран.

,,Ин витро'' методы, среди которых особое место занимают радиоиммуноаналитические методы (РИА) сначала применялись только в научно-исследовательских институтах. Одновременно с возрастающим практическим диагностическим значением эти методы начали осуществлятся также в крупных факультецких и областных больницах. В настоящее время, однако, многие из них стали регулярными методами, применяемыми в малых районных больницах.

В 1965 году исследования с помощью РИА методов представляли лишь 1% количества всех проведенных радиоизотопных медицинских' исследований в 1976 году их доля превышала 50%.

В нашей стране наборы для радиоиммуноанализа пока коммерчески не производятся и в большинстве случаев применяются наборы, импортированные или из капиталистических стран или из стран СЭВ. Лишь в некоторых крупных лабораториях сами приготовляют некоторые из основных субстанций, наиболее часто меченый антиген. Только несколько лабораторий работает с собственными наборами.

Большие потербности нашей страны в радиоактивных препаратах медицинского назначения вызывают необходимость наладить их производство в большем масштабе и прежде всего более широком ассортименте, что в свою очередь предполагает проведение соответствующих научно-исследовательских и технико — организационных работ. Производственная и научно-исследовательская база подготовки радиоактивных препаратов для медицинского назначения в ЧССР пока не соответствует потребностям чехословацкого здравоохранения. Вся эта деятельность сосредоточена на отделении радионуклидов в Институте ядерных исследований с ограниченным штатом сотрудников. Поэтому необходимо было использовать в большом масштабе возможности кооперации с рядом других центров, занимающихся решением отдельных научно-исследовательских этапов на основе экономических договоров с Институтом ядерных исследований. Это конечно предьявляет большие требования к организационно-руководящей работе. В докладе затронуты некоторые общие вопросы структуры исследования в области радиоактивных препаратов для медицинских целей. Предпола-

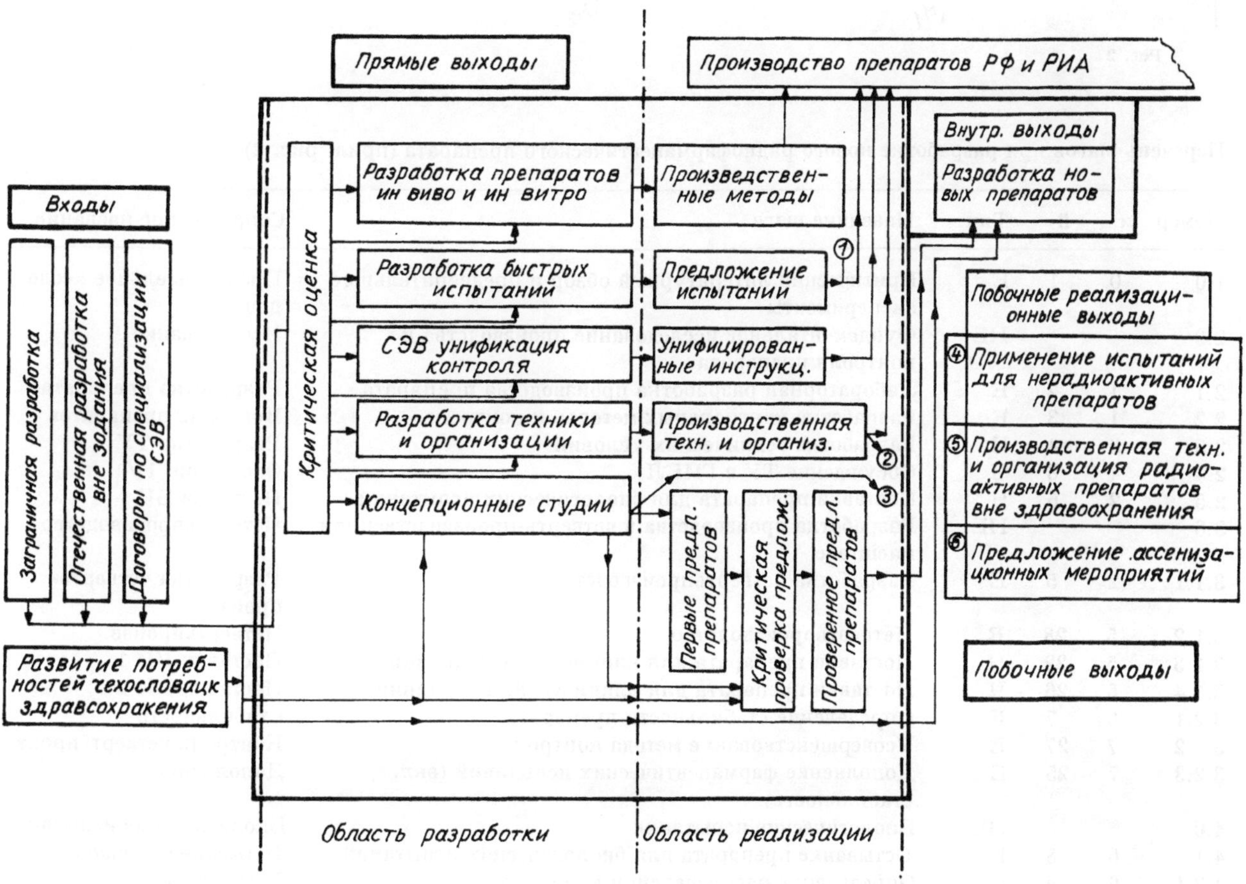

Рис. 1

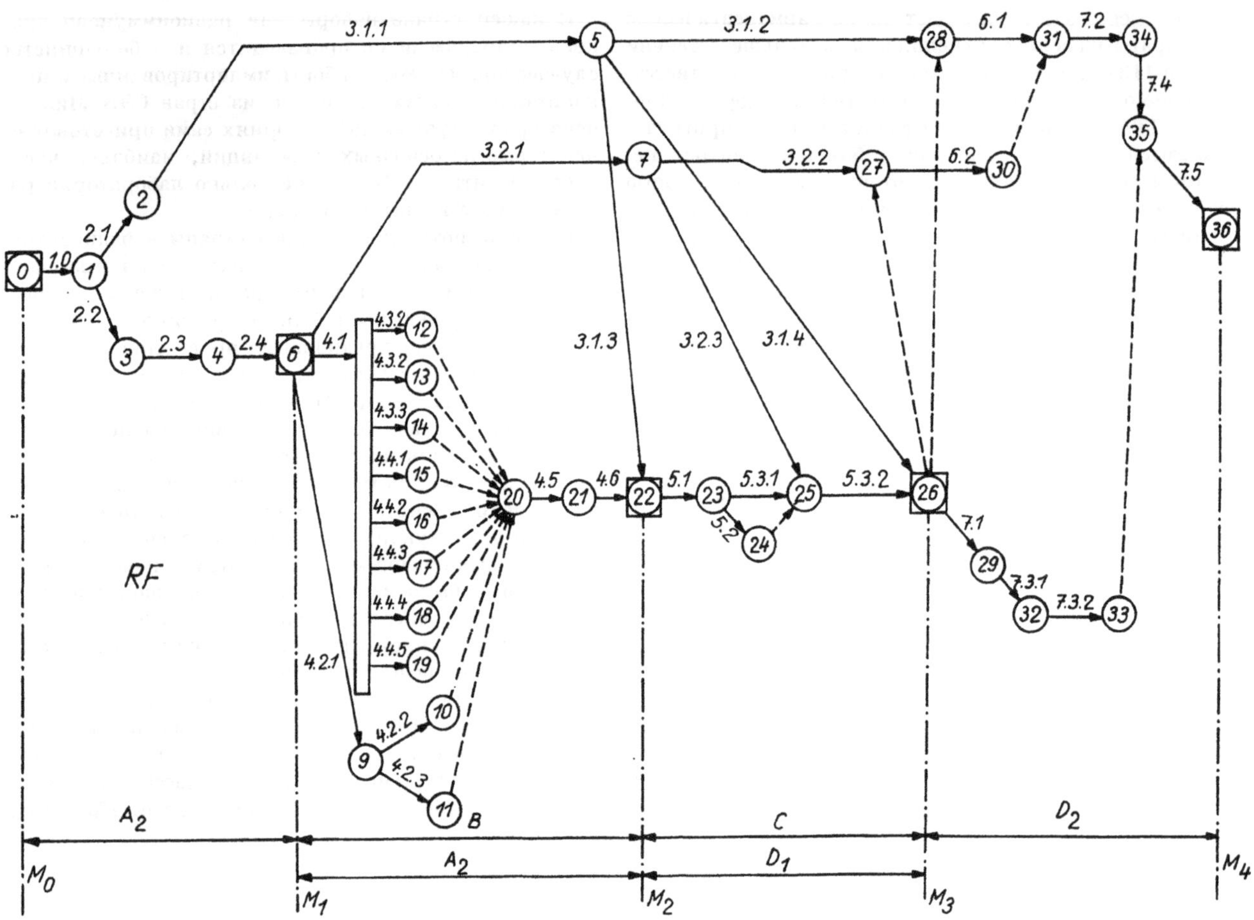

Рис. 2

Перечень шагов при разработке нового радиофармацевтического препарата (прил. рис. 2)

Номер	и	й	Тип	Название шага	Сокращенное название
1.0	0	1	Е	Критический литературный обзор и предварительные эксперименты	Предварительное исслед.
2.0			НЕ	Фундаментальное исследование производства и контроля препарата	Исследование
2.1	1	2	Е	Лабораторная разработка производства препарата	Разработка препарата
2.2	1	3	Е	Разработка контрольных методов и контроль	Контроль препаратов
2.3	3	4	Ч	Разработка технических условий	Разработка ТУ
2.4	4	6	Ч	Обсуждение ТУ в ГИКЛ	Одобрение ТУ
2.5	2	6	Ч	Поставки препарата для биологических испытаний	Поставки БИ
3.0			НЕ	Разработка производства в четверть-производственном масщтабе	Четвертьпроизводство
3.1.1	2	5	Е	Разработка четвертьпроизводства	Разработка четверть-произв.
3.1.2	5	28	Е	Четвертьпроизводство	Четвертьпроизв.
3.1.3	5	22	Ч	Поставки препарата для клинических испытаний 1	Поставки КИ 1
3.1.4	5	26	Ч	Поставки препарата для клинических испытаний 2	Поставки КИ 2
3.2.1	6	7	Е	Определение стабильности препарата	Стабильность
3.2.2	7	27	Е	Усовершенствование метода контроля	Контроль четвертьпроиз.
3.2.3	7	25	Е	Дополнение фармацевтических испытаний (вкл. стабильность)	Дополнение
4.0			НЕ	Биологические испытания	Биологические испытания
4.1	6	8	Р	Остывание препарата для биологических испытаний	Остывание образца
4.2.1	6	9	Е	Определение распределения в органах	Распределение
4.2.2	9	10	Е	Расчет компартментной модели	Копартменты

Номер	и	й	Тип	Название шага	Сокращенное название
4.2.3	9	11	E	Расчет радиационной нагрузки из препарата	Радиационная нагрузка
4.3.1	8	12	E	Определение мгновенной токсичности	Мгновенная токсичность
4.3.2	8	13	E	Определение еженедельной токсичности	Еженедельная токсичность
4.3.3	8	14	E	Проведение испытания реакции организма	Испытание реакции орг.
4.4.1	8	15	E	Определение фармакодинамического действия на ЦНС	Фармдин. ЦНС
4.4.2	8	16	E	Определение фармакодинамического действия на КВС	Фарм. дин. КВС
4.4.3	8	17	E	Определенле фармакодинамического действия на ГИТ	Фармадин. ГИТ
4.4.4	8	18	E	Определение фармакодинамического действия на печень	фармдин. печень
4.4.5	8	19	E	Определение фармакодинамического действия на почки	Фармадин. почки
4.5	20	21	E	Разработка материалов для одобрения клинических испытаний типа 1 и 2	Разработка МКИ 1
4.6	21	22	E	Оценка МКИ 1 и 2 Министерством здравоохранения	Одобрение МКИ 1
5.0			HE	Клинические испытания	Клинич. испытания
5.1	22	23	E	Проведение клинических испытаний 1 и 2	Клиника 1 и 2
5.2	23	24	E	Оценки радиационной нагрузки	Клиника-радиация
5.3.1	23	25	E	Разработка материалов для разрешения клинических испытаний 3 и 4	Разработка МКИ 3
5.3.2	25	26		Оценки МКИ 3 и 4 Министерством здравоохранения	Одобрение МКИ 3
6.0			HE	Полупроизводство	Полупроизводство
6.1	28	31	E	Разработка полупроизводства и его проверка	Полупроизводство
6.2	27	30	P	Разработка окончательных методик контроля	Контроль полупроизводства
7.0			HE	Экспериментальное производство	Эксперимент. производство
7.1	26	29	E	Проведение клинических испытаний 3 и 4	Клиника 3 и 4
7.2	31	34	E	Разработка документации производства	Документация производства
7.3.1	29	32	E	Разработка материалов для регистрации	Материалы для регистрации
7.3.2	32	33	E	Оценка регистрации Министерством здравоохранения	Регистрация
7.4	34	35	E	Обеспечение условий для открытия производства	Подготовка производства
7.5	35	36	E	Осуществление нулевой производственной серии	Нулевая серя

Примечания:
E – научно-исследовательский этап; HE – основной этап; Ч – деятельность; P – процесс

гается, что наш опыт может быть полезным для тех стран, в которых в связи с небольшим числом работников в основном исследовательском центре работы надо проводить на основе широкой кооперации.

2. Основная ,,философия'' общего задания

По отношению к комплексному характеру проблематики радиоактивных препаратов, предназначенных для медицинских апликаций, мы считаем необходимым кроме непосредственных исследовательских работ по разработке радиофармацевтических препаратов и наборов для радиоиммуноанализа включить также некоторые научно-исследовательские проблемы, которые могут значительно повлиять на общее дальнейшее развитие.

А именно:

а) Разработка быстрых методов испытаний стерильности и беспирогенности

Современные способы испытаний, требующие для своего проведения нескольких дней, не пригодны в связи с постепенным переходом к препаратам на основе короткоживущих или по возможности ультракороткоживущих радионуклидов. По этому считаем нужным внедрить и долговременно проверить применимость быстрых методов, разработанных несколько лет назад за границей. При испытаниях на стерильность используется измерение углерода-14 в виде двуокиси углерода, выделяемой микроорганизмами из пригодных культивационных почв, меченых углеродом-14. При испытании на беспирогенность используется реакция аглутинации пирогенов с экстрактом морского животного (Лимулус полифемус).

б) Унификация методов контроля радиофармацевтических препаратов в рамках СЭВ

В этой области решаются проблемы унификации методик для контроля выбранных радиофармацевтических препаратов в рамках стран членов СЭВ. Кроме разработки контрольных методик и их сравнения с методами, применяемыми в других странах, как правило в виде международных сравнительных экспериментов, разрабатываются отдельные макетные монографии для международной фармакопеи стран СЭВ ,,Компендиум Медикаменторум''. Разрабатывается также предложение единого метода для проведения необходимых биологических испытаний перед клиническим применением радиофармацевтических препаратов.

в) Разработка техники для облучения и обработки

Кроме разработки некоторых деталей аппаратур для обработки радиоактивных препаратов (не только для дистанционного но и для автоматизированного управления) мы занимаемся также разработкой техники

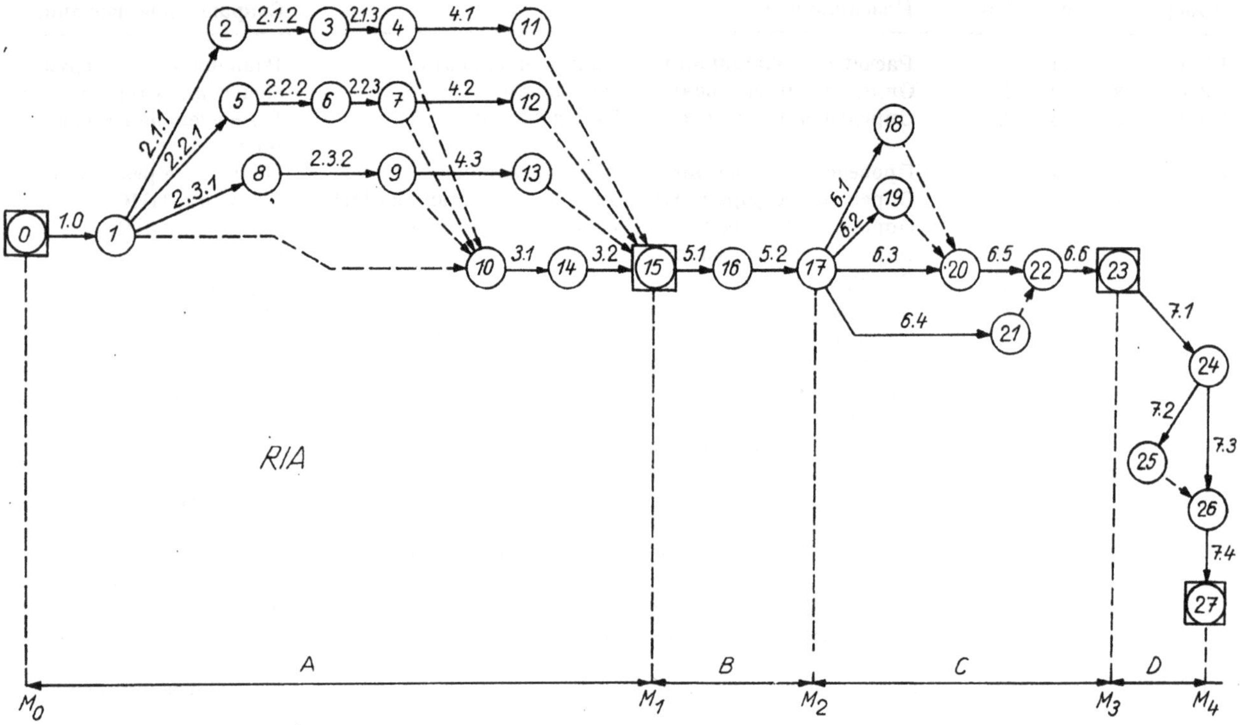

Рис. 3

Перечень шагов при разработке нового набора для радиоиммуноанализа (прил. рис. 3)

Номер	и	й	Тип	Название шага	Сокращенное название
1.0	0	1	НЕ	Критический литературный обзор и предварительные эксперименты	Предварительное исследование
2.0			НЕ	Подготовка основных соединений	Основные соед.
2.1.1	1	2	Е	Подготовка антигена для пометки	Подготовка антигена
2.1.2	2	3	Е	Разработка методики пометки антигена	Пометка антигена
2.1.3	3	4	Е	Разработка и удостоверение методов контроля меченого антигена	Контроль пометки антигена
2.2.1	1	5	Е	Выделение подходящего антигена для иммунизации	Подготовка иммунизации
2.2.2	5	6	Е	Иммунизация и подготовка антисоединения	Подготовка антисоединения
2.2.3	6	7	Е	Очистка и контроль антисоединения	Очистка антисоединения
2.3.1	1	8	Е	Получение стандарта (сепарация, импорт)	Получение станд.
3.0			НЕ	Разработка методики определения	Методика определ.
3.1	10	14	Е	Определение оптимальных условий (способ сепарации, концентрация соединений и инкубация)	Выбор методики
3.2	14	15	Е	Разработка методов контроля достоверности и точности методики.	Контроль методики
4.0			НЕ	Определение долговременной стабильности соединений	Стабильность соединений
4.1	4	11	Е	Определение стабильности и срока применимости меченого антигена	Стабильность антигена
4.2	7	12	Е	Определение стабильности и срока применения антисоединения	Стабильность антисоединения
4.3	9	13	Е	Определение стабильности стандарта	Стабильность стандарта
5.0			НЕ	Разработка уточненных методик	Методики
5.1	15	16	Е	Удостоверение долговременной воспроизводительности методики	Воспроизводительность
5.2	16	17	Е	Разработка поправленной методики и способа подготовки набора и подготовка лабораторных образцов	Четвертьпроизв.
6.0			НЕ	Разработка технологии	Технология
6.1	17	18	Е	Клинические испытания на 1-ой клинике	Клиника 1—1
6.2	17	19	Е	Клинические испытания на 2-ой клинике	Клиника 1—2

Номер	и	й	Тип	Название шага	Сокращенное название
6.3	17	20	E	Сравнение с наборами с импорта	Сравнение
6.4	17	21	E	Подготовка обеспечения ресурсов	Ресурсы
6.5	20	22	E	Поправка методик на основе клинических испытаний	Поправка методики
6.6	22	23	E	Разработка технологической методики	Технологические методики
7.0			HE	Полупроизводство и экспериментальное производство	Полупроизводство
7.1	23	24	E	Разработка и проведение полупроизводства	Полупроизводство
7.2	24	25	E	Клинические испытания 2 и их оценка	Клиника 2
7.3	25	26	E	Оценка полупроизводства и испытаний 2 и техническое обеспечение производства	Обеспечение производства
7.4	26	27	E	Экспериментальное производство	Нулевая серия.

для облучения на реакторе и циклотроне. Это в реакторной технике касается прежде всего изучения возможностей облучения в энергетических реакторах. Одновременно мы бы с удовольствием совместно с нашими заграничными партнерами из соседних социалистических стран принимали участие в решении некоторых организационно-технических вопросов, связанных с согласованием планов работы ядерных реакторов для производства радиоизотопов с целью обеспечения взаимного использования мощностей для непрерывной поставки препаратов. В циклотронной технике мы занимаемся разработкой мишенных оборудований и некоторых выбранных методик для обработки. Эти работы имеют характер предварительных студий с целью создать предпосылки для быстрого введения циклотронных радионуклидов в производство в следующей пятилетке.

г) *Концепционное изучение новых препаратов*

Мы занимаемся изучением роли следовых элементов в человеческом организме и особенно их распределением в связи с появлением заболеваний. Можно ожидать, что эти исследования могут привести к результатам, на основе которых можно будет сделать некоторые предложения на медицинское использование пока неприменяемых радионуклидов. Одновременно мы стремимся искать соединения, которые представляли бы интерес для медицины и которые могли бы после пометки применяемыми радионуклидами служить в качестве радиофармацевтических препаратов. Кроме того проводятся еще критические сравнительные студии клинической применимости отдельных препаратов и диагностических методик.

Взаимные связи отдельных научно-исследовательских областей, внешних исследовательских входов, собственных и побочных реализационных выходов наглядно указывает блок-схема на рис. 1.

Собственная разработка препаратов является сложным процессом, который требует согласования финансовых средств, времени и ресурсов. Почти каждый отдельный этап задания решается в нашем случае в разных учреждениях. Для успешного управления необходимо определить отдельные шаги и установить их взаимоотношение. Поэтому были разработаны сетевые графики, которые применяются пока для оценки продвижения хода работ „вручную"; они создают предпосылки для управления с применением счетно-вычислительных машин в будущем.

3. Основная схема исследовательских работ по радиофармацевтическим препаратам

Основная схема необходимых шагов при разработке радиофармацевтических препаратов указана на рис. 2 и в соответствующем списке шагов. В качестве основных пунктов разработки можно считать следующие узлы $M_0 = 0$, $M_1 = 6$, $M_3 = 26$, $M_4 = 36$. Между этими пунктами осуществляются следующие основные этапы расвития:

M_0—M_1: лабораторная разработка (A_1)
M_1—M_2: передклинические испытания (B)
M_2—M_3: клинические испытания (C)

одновременно с последними двумя этапами происходит
M_1—M_3: четверть-производственная разработка (A_1) и четвертьпроизводство ($Д_1$)

Заключительным этапом является

M_3—M_4: полупроизводство в том числе и расширенные клинические испытания и экспериментальное производство ($Д_2$).

4. Основная схема разработки наборов для радиоиммуноанализа

Основная схема разработки наборов для радиоиммуноанализа является более простой, так как нет надобности проводить сложные биологические испытания перед клиническим применением. Большее внимание с другой стороны надо уделять стабильности соединений, комплектности набора и долговременной воспроизводительности результатов. Соответствующий сетевой график указан на рис. 3 и в соответствующем списке шагов. В качестве основных пунктов разработки можно считать следующие узловые точки: $M_0 = 0$, $M_1 = 15$, $M_2 = 17$, $M_3 = 23$, $M_4 = 27$. Между этими пунктами осуществляются следующие основные этапы развития:

M_0—M_1: разработка методики и подготовка основных веществ
M_1—M_2: разработка методик, их проверка и уточнение
M_2—M_3: разработка технологии,
M_3—M_4: полупроизводство и экспериментальное производство.

5. Заключение

Из указанного выше анализа общих проблем исследования радиоактивных препаратов для медицинских применений вытекает, что эти исследования имеют комплексный характер, и требуют больших финансовых средств и рабочей силы. Часто остается открытым вопрос, если возможности сбыта в стране среднего размера могут оправдать израсходованные средства и усилия. Для устранения этой проблемы необходима эффективная специализация среди стран-членов СЭВ. Специализация по уже разработанным препаратам нам кажется не очень экономически выгодной, так как она не устраняет лишних расходов в отдельных странах на разработку препаратов до заключения договора по специализации. Кроме того в настоящее время не существует возможность проводить на широком основании во многих странах поиск принципиально новых препаратов. Так как в отдельном случае эта деятельность имеет большую вероятность неудачи, для одной страны возможные экономические потери обычно являются сверх ее сил. Можно предполагать, что без координации усилий в такой-же тупик может попасть несколько научно-исследовательских групп в разных странах. Рассеянием сил мы подходим к цели слишком дорого и медленно. Мы думаем, что лишь способ поиска новых препаратов на широком основании совместным усилием стран СЭВ может привести все наши страны на одно из первых мест в мире.

Поступила в редакцию 31/VIII, 1978 г.

Второй симпозиум СЭВ по радиофармацевтическим препаратам (19—22.10.1977 г., Казимеж-Дольны, ПНР)

А. Блажевич, Я. Виза, Ч. Денптула, А. Сюда

(Центр производства и распределения изотопов, Института ядерных исследований, Сверк, ПНР)[1]

На симпозиуме были представлены доклады, касающиеся препаратов ,,in vivo'' и радиоиммуноанализа.
В докладах по препаратам ,,in vivo'' освещались методы производства и контроля генераторов ^{99m}Tc и ^{113m}In, а также наборов к этим генераторам и проблемы, связанные с производством и применением радиофармацевтических препаратов.
В докладах по радиоиммуноанализу были обсуждены медоты мечения радиоиммунологических реактивов, методы определения гормонов щитовидной железы и методы определения белков и пептидов. На симпозиуме было представлено 53 доклада, доступных в МАГАТЭ в виде ,,микрофиш''.

(B 13) INIS DESCRIPTORS:

indium 113; labelling; meetings; quality control; production; radioimmunoassay; radiopharmaceuticals; technetium 99

В соответствии с планом работы Постоянной Комиссии СЭВ по использованию атомной энергии в мирных целях в г. Казимеж-Дольны, ПНР, с 19 по 22 октября 1977 г. был проведен II симпозиум стран-членов СЭВ по радиофармацевтическим препаратам.

Цель симпозиума состояла во взаимной информации о новых достижениях стран-членов СЭВ и СФРЮ в областях:

— разработки производства и применения генераторов ^{99m}Tc и ^{113m}In и наборов к ним, а также препаратов для сцинтиграфии,
— производства и применения радиофармацевтических препаратов (РФП), в частности меченых ^{131}J,
— разработки, производства, контроля и применение наборов для радиоиммуноанализа (РИА-наборов).

В работе симпозиума приняли участие 62 специалиста стран-членов СЭВ: ВНР, ГДР, ПНР, СССР, и ЧССР а также специалисты СФРЮ и представитель Секретариата СЭВ.

Работа симпозиума была проведена в двух секциях:
Секциа А — РФП для применения ,, ин виво''
Секция Б — Радиоиммуноанализ, РИА-наборы.

На симпозиуме было представлено 53 доклада, из них 5 обзорных докладов на пленарном заседании, 28 докладов в секции А и 20 докладов с секции Б.

Перечень докладов в приложении

Как видно из обзорных докладов и дискуссии на симпозиуме в течение последних лет во всех развитых странах мира наблюдался значительный рост производства и применения РФП. Такая же тенденция наблюдалась и во всех странах-членах СЭВ. Среди РФП особенное развитие получили:

— наборы для радиоиммуноанализа (РИА-наборы)
— генераторы изотопов ^{99m}Tc и ^{113m}In
— наборы для применения ,,ин виво''

Доклады, предствавленные в секции А были посвящены радиофармацевтическим препаратам, применяемым в диагностических исследованиях ,,ин виво''.

Был широко представлен круг вопросов, связанных с производством и контролем инъекционных радиофармацевтических препаратов, обсуждались практические аспекты технологии производства и методов контроля, а также вопросы касающиеся химии актуально выпускаемых и применяемых препаратов.

[1]) Anschrift: P-05-400 Swierk k/Otwocka

Сравнивая проблемы, затронутые представителями разных научно-исследовательских центров можно констатировать, что несмотря на существующие различия, в деталях технико-организационных решений производства и контроля радиофармацевтических препаратов везде имеется сохранена тенденция, чтобы научно-исследовательские работы были направлены на удовлетворение актуальных нужд ядерной медицины. Эту тенденцию лучше всего иллюстрирует общий обзор рассматриваемой тематики. Из общего числа 28 докладов более 50% посвящено генераторам технеция-99*м* и наборам к ним и, примерно 20% препаратам, меченым изотопами йода.

В остальных докладах обсуждались вопросы получения циклотронных изотопов [24] и избранные вопросы клинического применения радиоизотопных препаратов [20, 25—27].

Больше всего внимания было удельно вопросам рутинного производства и контроля генераторов ^{99m}Tc [2, 5, 8, 9], а также наборов для сцинтиграфии [10, 11, 23].

Во многих докладах были представлены вопросы, связанные с остеотропными [12, 14, 16, 18] и белковыми препаратами [15, 17, 19] технеция-99*м*, а также с комплексами технеция-99*м*, предназначенными для исследования почек [21, 22].

Много внимания было уделено контролю химической и радиохимической чистоты радиоизотопных препаратов, а также биологическому контролю.

Это свидетельствует о том, что качеству этих препаратов уделяется много внимания.

В секции А было представлено также несколько докладов, посвященных препаратам, меченым изотопами йода, причем 2 из них были посвящены бромсульфофталеину [28, 30], а остальные нейтральроту [31], диэтилстильбэстролдифосфату [32] и вопрсам кинетики мечения [2, 9].

Вопросы радиоиммуноанализа обсуждались на заседаниях секции Б. На первом заседании секции Б были зачитаны обзорные доклады [34—38], в которых были представлены актуальные состояние и тенденции развития исследовательских работ и производства наборов для радиоиммуноанализа (РИА-наборов), а также внедрения этих методов в клиническую практику в отдельных странах.

В ходе сессии, посвященной мечению иммунореагентов были зачитаны доклады, освещающие отдельные методы, а именно электрохимический [39], энзиматический [40], с хлорамином Т [42] и сопряжения [41].

Как в докладах так и в дискусии подчеркивалось, что метод мечения может оказывать решающие влияние на иммунологические свойства меченого антигена и в последствии, на качество РИА-набора. Очередная сессия была посвящена методам и наборам для радиоиммуноанализа гормонов щитовидной железы. В представленных сообщениях были обсуждены вопросы получения специфических антител [43], получения меченых гормонов щитовидной железы с высокой удельной активностью [46], метод определения трийодтиронина [44], а также набора для определения этого гормона [45].

Последняя сессия была посвящена радиоиммуноанализу белков и пептидов. Были представлены сообщения на тему определения инсулина и инсулиновых антител [48], пептида С [49], хорионического гонадотропина [50], иммуноглобулина А [47] и трансферина [51]. Затрагивались также некоторые вопросы техники двойных антител [52]. В ходе этой сессии был тоже представлен обширный доклад на тему критериев качества и методов контроля радиоиммунологических наборов [53]. Сборник докладов, представленных на симпозиуме, озаглавленный: СЭВ—АЭ-1977. Труды II Симпозиума стран-членов СЭВ по радиофармацевтическим препаратам, Казимеж-Дольны, 19—22. 10. (ПНР), Институт ядерных исследований, Сверк, издан организатором в апреле 1978 г. в виде „микрофиш" и он доступный в МАГАТЭ.

Во время симпозиума состоялось совещание специалистов по радиоиммунологии стран-членов СЭВ.

Широкое применение, какое нашли методы радиоиммуноанализа в клинической диагностике для определения биологически важных веществ, таких как гормоны, антигены, сопутствующие опухолям, аллергены, лекарственные средства, наркотики и вирусы, а также внедрение этих методов в массовые контрольные исследования больших групп населения (как, например, в эпидемиологии для обнаружения Антигена Австралия, являющегося показателем инфекционного гепатита) — требуют срочно интенсифицировать исследования, и ускорить внедрение и производство РИА-наборов.

На совещании специалистов была согласована программа международного сотрудничества в области разработки РИА-наборов, которая охватит исследование с свойств меченых иммунореагентов, разработку основных критериев оценки наборов и сличительный контроль наборов, вопросы автоматизации радиоиммунологических анализов, а также проблемы получения биологического материала для изготовления наборов. Предусматривается, что в рамках этого сотрудничества будет осуществляться обмен информацией между странами СЭВ относительно ассортимента выпускаемых наборов, объема выпускаемой продукции и импорта, а также величины спроса на отдельные наборы в данной стране. Роль координатора по этой теме была поручема делегации ПНР.

Приложение

Перечень докладов

предста별ленных на II Симпозиуме по радиофармацевтическим препаратам

I. *Обзорные доклады*

1. *Ч. Дептула* (ПНР)

   Актульное состояние и направление дальнейшего развития производства радиоизотопных медицинских препаратов

2. *Р. Мюнце, Б. Йохманнсен, Х. Шпис* (ГДР)

   Некоторые новые результаты по химическому состоянию радиофармацевтических препаратов-^{99m}Tc

3. *Л. Сиртеш* (ВНР)

   Развитие производства радиофармацевтических препаратов в ВНР

4. *К. Свобода* (ЧССР)
Общие проблемы научно-исследовательских работ по радиоактивным препаратам медицинского назначения в ЧССР

5. *И. Гэлэцеану, Г. Петеу, М. Маринеску* (СРР)
Новые тенденции в развитии продукции радиофармацевтических препаратов

II. Генераторы и контроль препаратов для сцинтиллографии

6. *Ф. Будски, К. Свобода, Б. Мудрова, И. Прокоп* (ЧССР)
Система обеспечения клиник технецием-99*м*

7. *В. Гушак, Й. Влчек* (ЧССР)
Расчёт активности долгоживущего ^{99}Tc присутствующего в препаратах ^{99m}Tc, вводимых в организм, и оценка соответственной радиационной нагрузки

8. *Ч. Дептула, М. Каскевич, А. Кулеша, Я. Виза, К. Зеленай* (ПНР)
Проблемы связанные с производством и контролем стерильных генераторов ^{99}Mo/^{99m}Tc.

9. *А. Ф. Гуськов, М. Д. Козлова, Л. С. Козырева, Т. И. Кондратьева, Л. Н. Курчатова, В. И. Левин, А. Б. Малинин, А. С. Севатьянова, Т. Н. Соколова В. А. Соколов* (СССР)
Новые методы получения генераторов короткоживущих радионуклидов

10. *Б. Йоханнсен, Р. Мюнце* (ГДР)
Качественный контроль радиофармацевтических препаратов ^{99m}Tc методом гель-хроматографии

11. *К. Зеленай, А. Пшона* (ПНР)
Проблемы связанные с контролем наборов для сцинтиграфии

12. *И. Гэлэцеану, К. Врату* (СССР)
Восстановление пертехнетата-^{99m}Tc гидрозином

III. Наборы к генераторам ^{99m}Tc и ^{113m}In

13. *Р. П. Арсентьева, И. М. Голутвина, Т. Е. Кодина, М. Д. Козлова, Н. Н. Кононыкина, В. И. Левин, Л. П. Старовойтова, И. Н. Тронова* (СССР)
Экспериментальная оценка пригодности соединений некоторых радиоэлементов для разработки остеотропных препаратов

14. *Б. Йоханнсен, Х. Шпис, Р. Мюнце* (ГДР)
Дифосфонат-кит для сцинтиграфии костей

15. *Л. Кочар, Дь. Яноки, Б. Шпетт, В. Куташ* (ВНР)
Киты-^{99m}Tc на белковой основе ,,ин виво'' и проблемы связанные с их производством (^{99m}Tc—HSA, ^{99m}Tc-апротинин).

16. *В. Н. Корсунский, Н. Ф. Тарасов, Н. Д. Ковальчук, В. И. Левин, П. П. Болдырев, З. П. П. Сурвина, В. В. Легтяренко, В. И. Попов* (СССР)
Клинико-экспериментальные аспекты сравнительной оценки остеотропных радиофармацевтических препаратов и соединений

17. *Б. Луцка, И. Лициньска* (ПНР)
Наборы микросфер и миллимикросфер альбумина для мечения технецием-99*м* и индием-113*м*

18. *З. Рыбаков, К. Новак, И. Лициньска, Т. Красуцки, Я. Виза, Е. Вой-Войцеховски* (ПНР)
Оценка пригодности фосфорных соединений меченых технецием-99*м*, для сцинтиграфии костей

19. *Э. Лахник, З. Рыбаков, А. Сакович, К. Новак, И. Лициньска, Т. Красуцки* (ПНР)
Трансферрин человеческой крови меченый ^{113m}In и ^{99m}Tc в качестве набора для сцинтиграфии

20. *М. Фюзи, Ж. Карика, Г. Тарян, И. Шинкович, Я. Терке* (ВНР)
Онкологическое значение производящихся в ВНР органоспецифических фармаконов, меченых ^{99m}Tc

21. *Э. Лахник, В. Зульчик, К. Новак, Я. Виза, И. Лициньска, Т. Красуцки, А. Заремба, В. Будны* (ПНР)
Комплексы меченые ^{99m}Tc для исследования почек

22. *Х. Шпис, Б. Йоханнсен, Р. Мюнце* (ГДР)
Меркаптидные соединения ^{99m}Tc как радиофармацевтические препараты

23. *А. Яс. Ф. Кечкеш, Я. Терке, Г. Келемен, А. Ковач* (ВНР)
Аналитическое определение наборов ин виво, меченых ^{99m}Tc, применяемых для сцинтиграфии различных органов

IV. Проблемы производства и применения радиофармацевтических препаратов

24. *А. Ф. Гуськов, М. Д. Козлова, Т. И. Кондратьева, Л. Н. Курчатова, Н. В. Куренков, В. И. Левин, А. Б. Малинин, Г. И. Савельев, А. С. Севаетьянова, И. Н. Тронова, Е. А. Тихомирова* (СССР)
Получение некоторых циклотронных радионуклидов для медицинского применения

25. *Т. Хернади, К. Мартонфи, Б. Форнет* (ВНР)
Направления развития клинической сцинтиграфической диагностики.

26. *В. В. Седов, В. И. Левин, В. А. Матвеев, Н. И. Овдиенко, Т. В. Тарасова, Л. Н. Курчатова, А. Б. Малинин, М. Д. Козлова, П. П. Болдырев, Б. М. Мартьянов* (СССР)
Сравнительная экспериментальная оценка меченых соединений, используемых для исследования состояния миокарда

27. *В. П. Сорокин, С. В. Серый, В. В. Седов, В. И. Левин, М. Д. Козлова, А. С. Севастьянова* (СССР)
Скеннирование экспериментальных опухолей с помощью комплексных соединений галлия-67 и индия-111

V. Препараты меченые-^{131}J

28. *Б. Ангелис, И. Цифка* (ЧССР)
Контроль качества иньекционного раствора бромсульфалеина-^{131}J

29. *П. Градилек, Л. Кронрад, К. Копичка* (ЧССР)
Исследование кинетики пометки о-йодгиппуровой кислоты радиоактивными изотопами йода

30. *И. Цифкова, И. Цифка* (ЧССР)
Биологическое поведение отдельных фракций бромсульфалеина, меченого-^{131}J

31. *В. В. Седов, И. Ш. Прокофьева, В. А. Братцев, Т. Н. Востникова, Т. В. Тарасова* (СССР)
Перспективы использования ^{131}J нейтральрот для беззондового исследования экскреторной функции желудка

32. *Г. Больни, И. Генс* (ГДР)
Приготовление меченого йодом диэтильбэстролдифосфата и его использование для экспериментов на животных

33. *В. Б. Коршунов, В. Н. Кулаков, Н. К. Трифоненкова, Т. Л. Баженова, А. М. Можайский, В. Н. Корсунский, Н. Ф. Тарасов, В. П. Сорокин, М. Н. Славин, Л. П. Старовойтова, Б. М. Марьянов* (СССР)
Протеолитические ферменты и их ингибиторы меченые радиоизотопами йода

VI. Обзорные доклады РИА

34. *Г. Формум* (ГДР)
Программа для развития и производства наборов для радиоиммунологического анализа (РИЯ-китов) в ГДР

35. *Л. Кочар, В. Манн, Т. Форгач* (ВНР)
Производство некоторых радиоиммунологических наборов и их критика

36. *Я. А. Соколов, А. М. Горелый, О. И. Агреева, В. И. Гуськов* (СССР)
Анализ динамики закупок радиоконкурентных наборов, структура и прогноз

37. *А. Сюда* (ПНР)
Направления исследовательских работ и развития производства радиоиммунологических наборов в Польше

38. *О. Топольчан, М. Градил, М. Завада, К. Свобода, В. Карличек, Я. Мезенцев* (ЧССР)
Перспективы развития РИА методов в ЧССР

VII. Методы мечения реактивов для радиоиммуноанализа

39. *А. М. Можайский, В. Б. Лукьянов, А. А. Иванов* (СССР)
Определение оптимальных условий электрохимического йодирования иммуноглобулина

40. *Б. Луцка, К. Руссин, Б. Садовска, А. Сюда* (ПНР)
Изучение некторых параметров энзиматического мечения белков

41. *Б. Луцка, А. Сюда* (ПНР)
Получение реактива Больтона и Хантера для мечения белков йодом-125

42. *К. Прушиньска* (ПНР)
Мечение, очистка и контроль стабильности ангиотензина-^{124}J с высокой удельной активностью

VIII. Радиоиммунологическое определение гормонов щитовидной железы

43. *Дь. Петеш, Ш. Лошонци, П. Рудаш* (ВНР)
Получение антитрийодтирониновой и антитироксиновой сыворотки для радиоиммунологических исследований

44. *Л. Кертес, Г. Тот, З. Тот* (ВНР)
Опыты применения меченого-^{125}J трийодтиронина в тестах ,,ин витро''

45. *И. Лисевска, А. Барановска, М. Яворска-Вагнер* (ПНР)
Радиоиммунологический набор TRI-SET-^{125}J для определения концентрации трийодтиронина в сыворотке человеческой крови

46. *Г. Герцманн, Г. Формум* (ГДР)
Некоторые новые аспекты относительно свойств гормонов, меченых с высокой удельной активностью

47. *В. Н. Кулаков, С. С. Василейский* (СССР)
Радиоиммунологический метод определения иммуноглобулина А

IX. Радиоиммунологическое определение белков и пептидов

48. *Д. Тамаш, Я. Миллер, Л. Корани, Л. Гере* (ВНР)
Радиоиммунологическое определение инсулина и инсулиносвязывающего антитела

49. *Л. Гере, Л. Корани, Э. Барани, К. Штецек, Д. Тамаш* (ВНР)
Определение пептида-С и значение этого определения при сахарной болезни

50. *Б. Садовска* (ПНР)
Набор для радиоиммунологического определения хорионического гонадотропина (HGG)

51. *Г. Чонтош, Ш. Лошонци, Дь. Петеш* (ВНР)
Продукция антибычьей трансфериновой сыворотки для кочественных определений трансферрина

52. *Я. А. Соколов, Г. Б. Семёнова* (СССР)
Некоторые трудности и решения в комплектации наборов согласно метода двойных антител

53. *М. Завада, К. Шафарчик, О. Топольчан, М. Градил* (ЧССР)
Контроль достоверности и качества радиоиммунологических определений

Поступила в редакцию 31/VIII, 1978 г.

Originalarbeiten

Radiogaschromatographische Untersuchungen an flüchtigen Photolyseprodukten des Systems Bis-(tributylzinn)-oxid-(butyl-1-^{14}C)/Cellulose

D. Klötzer, H. Görner, K.-H. Heise

(Zentralinstitut für Kernforschung der AdW der DDR, Rossendorf, Bereich 3)[1])

Es werden Apparatur und Methode zur radiogaschromatographischen Trennung und Identifizierung von Photolyseprodukten des Systems Bis-(tributylzinn)-oxid-(butyl-1-^{14}C)/Cellulose beschrieben. Dabei wurde nachgewiesen, daß beim UV-induzierten Abbau dieses Systems u. a. n-Butan-^{14}C und n-Octan-^{14}C gebildet werden. Die von der Organozinnverbindung abgespaltenen ^{14}C-markierten Butylradikale stabilisieren sich demnach durch Reaktion mit Wasserstoffatomen (Photolyseprodukt der Cellulose) und durch Dimerisierung.

(B 11) INIS DESCRIPTORS:

carbon 14 compounds; cellulose; gas chromatography; organometallic compounds; photolysis; radiochromatography; substrates; tin compounds; ultraviolet radiation

Komplexe biocide Eigenschaften verhalfen den Tributylzinnverbindungen auch in der DDR zu immer umfangreicherer Anwendungsbreite [1]. In vielen Fällen steht dabei der Schutz cellulosehaltiger Materialien gegen mikrobielle Attacken im Vordergrund — Holzschutz, Textilausrüstung, Desinfektion. Geeignete, synergistisch verstärkte [2, 3] Kombinationspräparate auf der Basis von Bis-(tributylzinn)-oxid (auch als Tributylzinnoxid oder TBTO bekannt) oder Tributylzinnbenzoat, die sich durch günstige physikalische und toxikologische Eigenschaften auszeichnen, sollen bei möglichst einfacher Anwendungstechnologie [4] eine lang anhaltende Schutzwirkung (im Holzschutz 10 bis 15 Jahre) garantieren. Von großem Interesse sind deshalb Kenntnisse über die Lichtstabilität des Systems Tributylzinnbiocid/Cellulose.

Vor kurzem wurde mitgeteilt [5], daß Tributylzinnoxid bei Kopplung an Cellulose unter Einwirkung von UV-Strahlung beschleunigt abgebaut wird. Da dieser UV-induzierte Abbau über einen radikalischen Mechanismus ablaufen sollte, sind u. a. flüchtige Photolyseprodukte zu erwarten, deren Nachweis Ziel dieser Arbeit war.

1. Experimentelles

Um eine weitgehende Abgrenzung von den flüchtigen Photolyseprodukten der Cellulose [6, 7] zu erreichen, wurde mit ^{14}C-markierten Tributylzinnverbindungen [8] gearbeitet. Die Bestrahlungsproben bestanden in der Regel aus einer Cellulosematrix und enthielten 2,4% Bis-(tributylzinn)-oxid-(butyl-1-^{14}C) bzw. Tributylzinnbenzoat-(butyl-1-^{14}C) oder Tributylzinnsalicylat-(butyl-1-^{14}C).

1.1. Präparation der Bestrahlungsproben

173 mg ^{14}C-markierte Tributylzinnverbindung (spez. Radioaktivität: 4—5 mCi/g) wurden in einen 100-ml-Quarzkolben eingewogen und in 30—40 ml Benzol gelöst. Zu dieser Lösung gibt man 7,012 g Cellulosepulver MN 300 (*Macherey* und *Nagel*) und rührt diese Mischung 1 Stunde intensiv. Das Lösungsmittel wird anschließend unter Vakuum (10^{-3} Torr) in eine mit flüssigem Stickstoff gekühlte Kühlfalle gefroren.

[1]) Anschrift: 8051 Dresden, PF 19

1.2. Bestrahlungsbedingungen

Es wurde in einem geschlossenen, evakuierbaren System gearbeitet, das aus folgenden Teilen bestand: Quarzkolben mit Bestrahlungsprobe, Überbrückungsstück mit Hahn und Vakuumanschluß, kühlbare Vorlage mit Vakuumhahn [9]. Die UV-Bestrahlung erfolgt von außen. Als UV-Quelle wurde eine mit Wasser gekühlte Quecksilberhochdrucklampe vom Typ UVS 125 (VEB Narva) verwendet. Das emittierte Spektrum dieser Quelle [10] besitzt starke UV-Linien bei 365 nm (17,6% der Gesamtintensität) und bei 312 nm (12,7% der Gesamtintensität).

Linien mittlerer Intensität findet man im Spektrum bei:

302 nm (5,3% der Gesamtintensität)
280 nm (1,9% der Gesamtintensität)
265 nm (3,9% der Gesamtintensität) und
254 nm (3,2% der Gesamtintenistät).

Die Bestrahlungsintensität in der Probenposition wurde mit dem BLAK-RAY^{R}-UV-Dosimeter (Fa. ULTRA-VIOLET PRODUCTS, USA) gemessen und lag je nach Abstand von der UV-Quelle zwischen 0,5 und 6 mW/cm^2.

Bestrahlungsobjekte:

Bis-(tributylzinn)-oxid-(butyl-1-^{14}C) auf Cellulose
Tributylzinnbenzoat-(butyl-1-^{14}C) auf Cellulose
Tributylzinnsalicylat-(butyl-1-^{14}C) auf Cellulose
Bis-(tributylzinn)-oxid-(butyl-1-^{14}C) ohne Träger

Es wurden sowohl Abbauversuche unter Lufteinfluß als auch solche unter Vakuum durchgeführt. Nach Absolvierung der halben Bestrahlungszeit unterbrachen wir den Versuch und froren unter Vakuum die gebildeten flüchtigen Photolyseprodukte in die mit flüssigem Stickstoff gekühlte Vorlage, durchmischten die Substanz im Quarzkolben noch einmal intensiv und setzten die Bestrahlung unter gleichen Bedingungen fort. Das am Versuchsende wiederum in die Vorlage übergefrorene Photolyseprodukt wurde anschließend radiogaschromatographisch untersucht.

1.3. Radiogaschromatographie

Die Trennung wurde mit einem Gaschromatographen Giede GCHF 18.3 — WLD durchgeführt. Die Trennbedingungen sind in Tab. 1 zusammengestellt.

Tab. 1.

	System A	System B	System C
Säule	Stahlsäule 3 mm ID	Stahlsäule 3 mm ID	Stahlsäule 3 mm ID
Säulenlänge	1 m	2 m	2 m
Füllung	Porapak Q, 80–100 mesh	Molekularsieb 5 A, 0,2–0,25 mm, nach KNAUK [13] mit 30%iger KOH behandelt	10% Apiezon L, Chromosorb P-AW-DMCS, 60–80 mesh
Säulentemperatur	100 °C	30 °C	100 °C
Trägergas	He	He	He
Strömungsgeschwindigkeit (He + O_2)	34 ml/min	34 ml/min	34 ml/min

Dem Gaschromatographen ist eine Radiodetektionseinheit nachgeschaltet [11], deren Aufbau und Funktionsweise aus Abb. 1 ersichtlich ist. Der Trägergasstrom, der den Gaschromatographen verläßt, wurde mit 5–10% Sauerstoff versetzt und anschließend bei 650 °C über einen Kobaltoxid-Kontakt [12] geleitet. Das U-förmige Kontaktröhrchen hatte eine Länge von 220 mm und einen Innendurchmesser von 4 mm. Darin wurden alle ^{14}C-haltigen Komponenten zu $^{14}CO_2$ oxydiert. Nach der nun folgenden Entfernung von Wasser mittels Magnesiumperchlorat

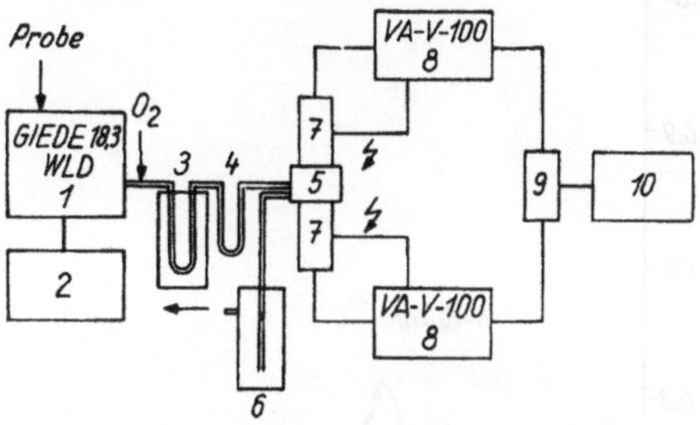

Abb. 1. Schema der Meßanordnung zur Radiogaschromatographie
1 – Gaschromatograph; *2* – Registrierung; *3* – Verbrennungsofen; *4* – H_2O-Absorptionsrohr; *5* – Szintillationsmeßzelle; *6* – Dekontaminationsflasche; *7* – SEV; *8* – Verstärker/Stromversorgung; *9* – Koinzidenzstufe; *10* – Registrierung

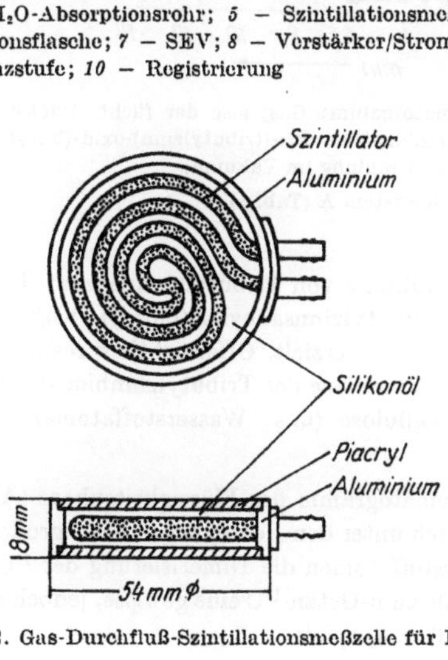

Abb. 2. Gas-Durchfluß-Szintillationsmeßzelle für Koinzidenzbetrieb

(H_2O-Absorptionsrohr: 260 mm lang und 3 mm Innendurchmesser) wurde die Radioaktivität des Gasstromes mit einer Durchfluß-Szintillationsmeßzelle gemessen. Die Dekontamination des Gasstromes erfolgte in 20%iger Kalilauge. Die Meßzelle ist in Abb. 2 dargestellt. Der feste Szintillator, z. B. Anthracen oder aktivierte Gläser [14], befindet sich in einer bifilar gewickelten Quarzspirale mit einer effektiven Länge von 440 mm und einem Innendurchmesser von 2 mm. Die Szintillatorkapillare, die selbsttragend in einen beidseitig mit dünnen Piacrylscheiben abgeschlossenen und damit lichtdurchlässigen Dosenkörper eingebaut ist, wurde optisch an zwei in Koinzidenz arbeitende rauscharme Sekundärelektronenvervielfacher mit Hilfe von Silikonöl gekoppelt. Die Impulsverarbeitung erfolgte über zwei Linearverstärker-Diskriminatoren VA-V-100 (VEB Meßelektronik) und die langsame Konizidenzeinheit LKO 5042 (ZfK Rossendorf). Die Meßwerte wurden digital und analog registriert.

Für Abschätzungen der Bestrahlungsausbeuten wurde die Apparatur mit n-Octan-^{14}C bekannter spezifischer Radioaktivität geeicht. Die Identifizierung der Spezies erfolgte durch zusätzliche Dosierung von ^{14}C-markierten Kohlenwasserstoffen.

2. Ergebnisse

Die Photolyseprodukte fielen jeweils als Gas- und Flüssigkeitsphasen an, so daß für jede Phase andere Trennsysteme erforderlich waren.

2.1. *Photolyse von Bis-(tributylzinn)-oxid-(butyl-1-^{14}C) ohne Kopplung an Cellulose*

Nach 100 Stunden UV-Bestrahlung unter Vakuum lagen 11,7% des eingewogenen ^{14}C-markierten Biocids in Form von radioaktiven Photolyseprodukten vor. Dieses Ergebnis entspricht annähernd der Abspaltung einer Butylgruppe aus dem Bis-(tributylzinn)-oxid-Molekül. Die radiogaschromatographischen Analysen der Gasphase mit Hilfe des Trennsystems B (Abb. 3) und der Flüssigkeitsphase mit Hilfe des Trennsystems C (Abb. 4) verweisen auf die photolytische Bildung eines Gemisches aus n-Butan-^{14}C, n-Buten-^{14}C und n-Octan-^{14}C.

Der Aktivitätsvergleich (Tab. 2) zeigt, daß n-Butan-^{14}C und n-Buten-^{14}C beim UV-induzierten Abbau von Bis-(tributylzinn)-

oxid-(butyl-1-^{14}C) in annähernd gleichen Mengen entstehen. Folglich stabilisiert sich ein Teil der photolytisch gebildeten n-Butylradikale durch Wasserstoffabspaltung zum n-Buten, während andere n-Butylradikale mit dem so erzeugten Wasserstoff zu n-Butan reagieren. Aus Abb. 4 ist ersichtlich, daß auch die

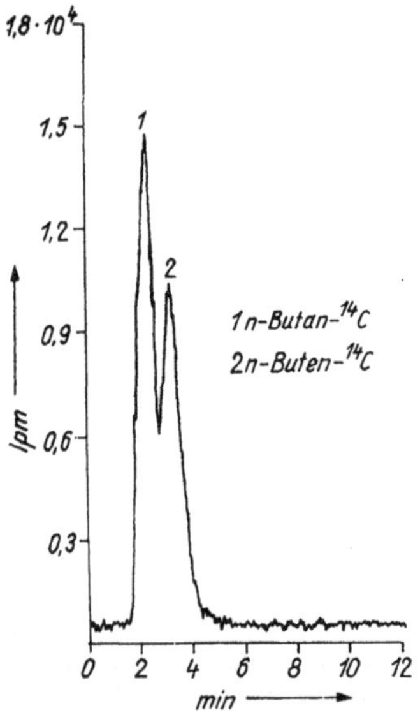

Abb. 3. Radiogaschromatogramm: Gasphase der flücht. Photolyseprodukte von Bis-(tributylzinn)-oxid-(butyl-1-^{14}C)- ohne Cellulose (UV-Bestrahlung im Vakuum)

Trennbedingungen nach System B (Tab. 1)

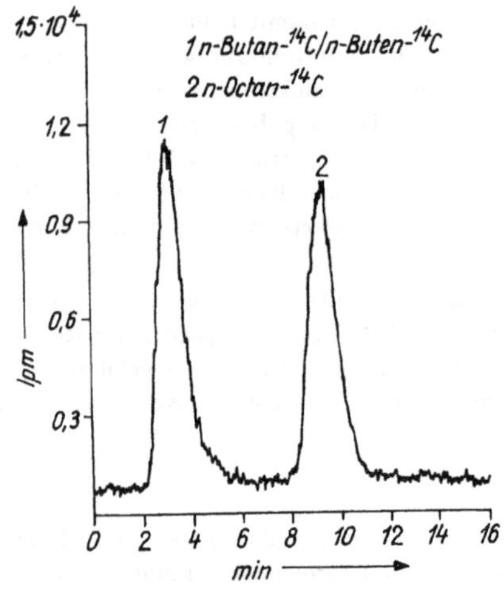

Abb. 4. Radiogaschromatogramm: Flüssigkeitsphase der flücht. Photolyseprodukte von Bis-(tributylzin)-oxid-(butyl-1-^{14}C) – ohne Cellulose (UV-Bestrahlung im Vakuum)

Trennbedingungen nach System C (Tab. 1)

Tab. 2.

System B		n-Butan-^{14}C	n-Buten-^{14}C
Retentionszeit		2 min	3,1 min
Radioaktivitäts-	1.	2,44 · 10^6 dpm	2,39 · 10^6 dpm
verhältnis	2.	3,44 · 10^6 dpm	2,45 · 10^6 dpm
bei 800 μl Gasphase	3.	2,12 · 10^6 dpm	1,98 · 10^6 dpm
	4.	2,73 · 10^6 dpm	2,91 · 10^6 dpm

Tab. 3.

System C	n-Butan-^{14}C/n-Buten-^{14}C	n-Octan-^{14}C
Retentionszeit	3 min	9,2 min
Radioaktivitätsverhältnis bei 3 μl Flüssigphase	3,10 · 10^6 dpm	3,17 · 10^6 dpm

Dimerisierung der n-Butylradikale, die zum n-Octan führt, im Radiogaschromatogramm nachweisbar ist. Allerdings wurde hier bei der Analyse der Flüssigkeitsphase über System C keine Trennung von n-Butan-^{14}C und n-Buten-^{14}C erreicht.

Wie Tab. 3 andeutet, entstehen beim UV-induzierten Abbau von Bis-(tributylzinn)-oxid-(butyl-1-^{14}C) das n-Butan-^{14}C/n-Buten-^{14}C-Gemisch und n-Octan in gleichen Aktivitätsmengen.

2.2. *Photolyse des Systems Bis(tributylzinn)-oxid-(butyl-1-^{14}C)/Cellulose*

Bei allen Versuchen mit ^{14}C-markierten Tributylzinnbiocid/Cellulosekombinationen wurde mit gleichen Bestrahlungsbedingungen (Bestrahlungszeit: 45 h) gearbeitet. Als entscheidend für das Versuchsergebnis erwies sich, ob die Photolyse im Vakuum oder unter Lufteinwirkung (Normaldruck) stattfindet. Die radiogaschromatographische Analyse der Gasphase der flüchtigen Photolyseprodukte (Gasphase) des Systems Bis-(tributylzinn)-oxid-(butyl-1-^{14}C)/Cellulose über das Trennsystem A weist die Bildung von n-Butan-^{14}C nach (Abb. 5). Analoge Ergebnisse wur-

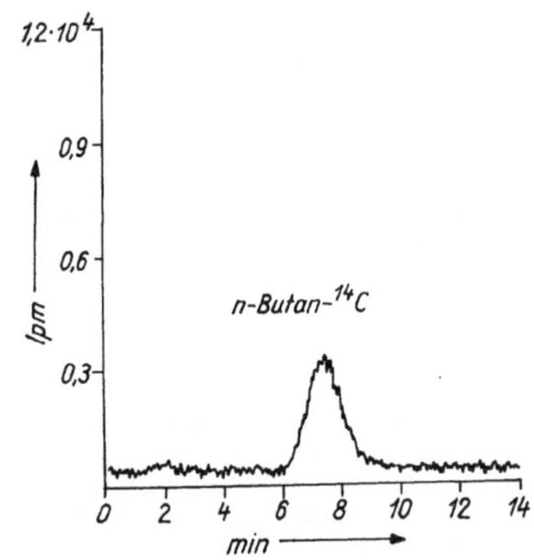

Abb. 5. Radiogaschromatorgamm: Gasphase der flücht. Photolyseprodukte der Kombination Bis-(tributylzinn)-oxid-(butyl-1-^{14}C)/Cellulose (UV-Bestrahlung im Vakuum)

Trennbedingungen nach System A (Tab. 1)

den bei der UV-Bestrahlung von Tributylzinnbenzoat-(butyl-1-^{14}C)/Cellulose und Tributylzinnsalicylat-(butyl-1-^{14}C)/Cellulose — beides unter Vakuum — erzielt. Offensichtlich reagieren die primären Spezies der Photolyse der Tributylzinnbiocide (Butylradikale) und der Cellulose (u. a. Wasserstoffatome) miteinander zu n-Butan.

Das Radiogaschromatogramm der Flüssigkeitsphase (Abb. 6) beweist aber, daß auch unter den Bedingungen eines großen Angebotes von Wasserstoffatomen die Dimerisierung der ^{14}C-markierten Butylradikale zu n-Octan-^{14}C eine gewisse, jedoch untergeordnete Rolle (s. Tab. 4) spielt.

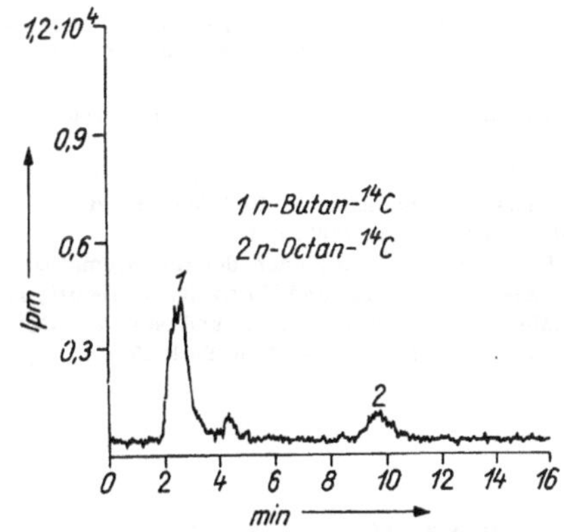

Abb. 6. Radiogaschromatogramm: Flüssigkeitsphase der flücht. Photolyseprodukte der Kombination Bis-(tributylzinn)-oxid-(butyl-1-^{14}C)/Cellulose (UV-Bestrahlung im Vakuum)

Trennbedingungen nach System C (Tab. 1)

Tab. 4.

System C		n-Butan-^{14}C	n-Octan-^{14}C
Retentionszeit		2,5 min	9,7 min
Radioaktivitäts-	3,5 µl	4,71 · 10^5 dpm	8,88 · 10^4 dpm
verhältnis	6 µl	8,88 · 10^5 dpm	2,11 · 10^5 dpm

4–5 Teile n-Butan-^{14}C entfallen somit auf 1 Teil n-Octan-^{14}C. Bei der Analyse der Flüssigkeitsphasen flüchtiger Photolyseprodukte der Kombinationen Tributylzinnbenzoat-(butyl-1-^{14}C)/Cellulose und Tributylzinnsalicylat-(butyl-1-^{14}C)/Cellulose wurde kein n-Octan-^{14}C gefunden.

Führt man die Bestrahlungsversuche unter Lufteinwirkung und bei Normaldruck durch, so wird vor allem das relativ langkettige n-Octan-^{14}C weiter photolysiert, da es – im Gegensatz zu den Versuchen unter Vakuum – aus dem Bestrahlungsbereich der Apparatur nicht entfernt wurde. Die Versuche unter Lufteinwirkung wurden nur mit der Kombination Bis-(tributylzinn)-oxid-(butyl-1-^{14}C)/Cellulose durchgeführt.

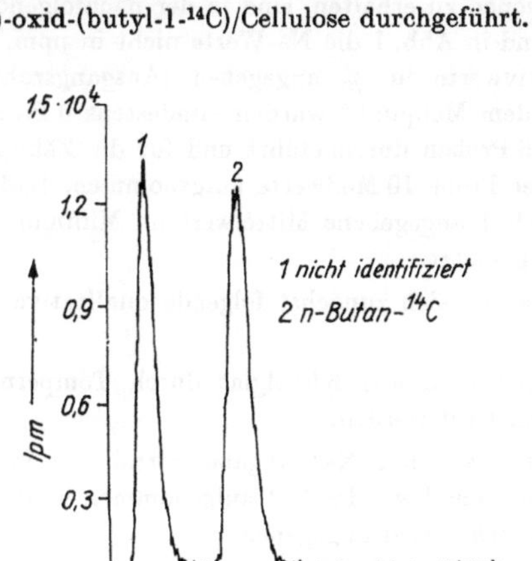

Abb. 7. Radiogaschromatogramm: Gasphase der flücht. Photolyseprodukte der Kombination Bis-(tributylzinn)-oxid-(butyl-1-^{14}C)/Cellulose (UV-Bestrahlung unter Lufteinwirkung und Normaldruck)

Trennbedingungen nach System A (Tab. 1)

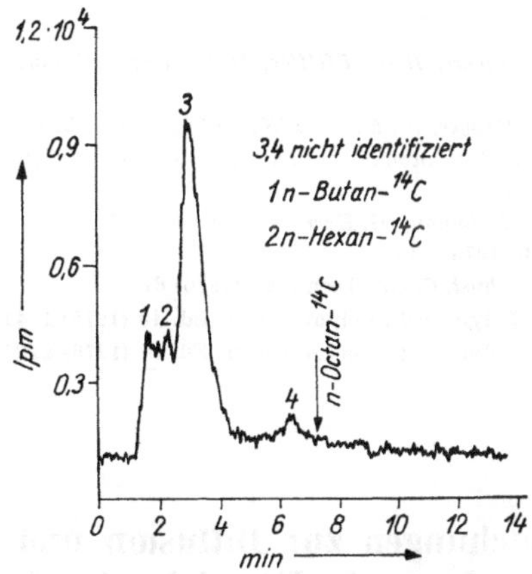

Abb. 8. Radiogaschromatogramm: Flüssigkeitsphase der flücht. Photolyseprodukte der Kombination Bis-(tributylzinn)-oxid-(butyl-1-^{14}C)/Cellulose (UV-Bestrahlung unter Lufteinwirkung und Normaldruck)

Trennbedingungen nach System C (Tab. 1)

Im Radiogaschromatogramm der Gasphase (Abb. 7) zeigt sich neben n-Butan-^{14}C ein zweiter Peak, der auf ein kurzkettigeres Alkan als n-Butan hindeutet, aber nicht identifiziert werden konnte. Die Analyse der Flüssigkeitsphase über Trennsystem C (Abb. 8) beweist die weitere photolytische Spaltung des Photolyseproduktes n-Octan-^{14}C. n-Octan-^{14}C wurde im Gegensatz zu den Bestrahlungsversuchen unter Vakuum im Radiogaschromatogramm nicht gefunden. An dessen Stelle entdeckten wir neben n-Butan-^{14}C neue Spezies, von denen nur n-Hexan-^{14}C sicher identifiziert werden konnte.

3. Zusammenfassung

Mit Hilfe der Radiogaschromatographie wurde der UV-induzierte Abbau von ^{14}C-markierten Tributylzinnbiociden mit und ohne Kopplung an Cellulose studiert.

Die durch den Bestrahlungsprozeß primär erzeugten ^{14}C-markierten Butylradikale stabilisieren sich beim reinen Bis-(tributylzinn)-oxid-(butyl-1-^{14}C) – ohne Kopplung an Cellulose – wie folgt:

a) durch Wasserstoffabspaltung zum n-Buten-^{14}C

b) durch Reaktion mit Wasserstoffatomen zum n-Butan-^{14}C

c) durch Dimerisierung zum n-Octan-^{14}C.

Da bei Kopplung der ^{14}C-markierten Tributylzinnbiocide an Cellulose die photolytisch gebildeten Butylradikale ein großes, durch den UV-induzierten Abbau der Cellulose verursachtes Angebot an Wasserstoffatomen vorfinden, überwiegt hier die Bildung von n-Butan-^{14}C gegenüber der Dimerisierung zu n-Octan-^{14}C.

n-Octan-^{14}C konnte nur bei der UV-Bestrahlung des Systems Bis-(tributylzinn)-oxid-(butyl-1-^{14}C)/Cellulose – nicht aber in den flüchtigen Photolyseprodukten der Kombinationen Tributylzinnbenzoat-(butyl-1-^{14}C)/Cellulose und Tributylzinnsalicylat-(butyl-1-^{14}C)/Cellulose – nachgewiesen werden. Bei größerer Verweilzeit des n-Octans-^{14}C im UV-Bereich erfolgt eine weitere photolytische Spaltung zu kurzkettigen Spezies, von denen nur n-Hexan-^{14}C sicher identifiziert werden konnte.

Eingegangen am 8. 5. 1978

Literatur

[1] *U. Thust, H. Wigert, H.-D. Pfeiffer, H. Schwotzer*, Chem. Techn. **29** (1977) 671

[2] *D. Klötzer, H. Krüger, W. Hinze*, DWP 60903 vom 1. 3. 1967

[3] *H.-D. Pfeiffer, H. Schwotzer, U. Thust, H. Wigert*, DWP 107848 vom 18. 5. 1973

[4] *G. Berger, G. Hoffmann, G. Kerner, D. Klötzer, U. Thust*, Holztechnologie **16** (1975) 135

[5] *D. Klötzer, U. Thust*, Chem. Techn. **28** (1976) 614

[6] *N.-S. Hon*, J. Polym. Sci., Polym. Chem. Ed. **13** (1975) 1347

[7] *N.-S. Hon*, J. Polym. Sci., Polym. Chem. Ed. **14** (1976) 2497

[8] *D. Klötzer*, Isotopenpraxis **12** (1976) 128

[9] *M. Bubner, L. Schmidt*, „Die Synthese Kohlenstoff-14-markierter organischer Verbindungen". VEB Georg-Thieme-Verlag, Leipzig 1966

[10] VEB Narva Berlin: „Hinweise zum Betrieb von Narva-UV-Strahlern"

[11] *K.-H. Heise, H. Görner, M. Bubner*, Vortrag RGW-Konferenz „Radioaktiv markierte organische Stoffe", Marienbad (ČSSR) 1976

[12] *M. Večera*, Microchimica Acta **1960**, 208

[13] *E. Leibnitz, H. G. Struppe*, „Handbuch der Gaschromatographie". Akad. Verlagsgesellschaft Geest und Portig K.-G., Leipzig 1966

[14] *H. Simon*, „Messung von radioaktiven und stabilen Isotopen". Springer-Verlag, Berlin, Heidelberg, New York 1974

Untersuchungen zur Diffusion und thermischen Beweglichkeit von Na⁺-Ionen in Kieselglas im Temperaturbereich 800—1400 °C

Teil II: Bestimmung der Na⁺-Verdampfungsverluste aus zylindrischen Kieselglaskörpern

K.-P. Rudolph, J. Flachowsky

(Zentralinstitut für Isotopen- und Strahlenforschung)[1]

(D 24) INIS DESCRIPTORS:

cations; evaporation; glass; reaction kinetics; silicon oxides; sodium 24; sodium compounds; temperature dependence; tracer techniques; very high temperature

1. Problemstellung und experimentelle Ergebnisse

Im Teil I [1] wurde eine Radionuklidtracermethodik zur Bestimmung von Diffusionskoeffizienten des Na-Kations im Kieselglas beschrieben und die entsprechenden Meßergebnisse dargestellt. Im vorliegenden Teil II wird über Versuche berichtet, die aufgetretenen Na-Verdampfungsverluste zu ermitteln.

Zur quantitativen Bestimmung der Na^+-Verdampfungsverluste aus Kieselglas vom Typ 1 wurden ^{24}Na-dotierte Kieselglaskörper der gleichen Abmessung eingesetzt, die bei den soeben beschriebenen Diffusionsversuchen Anwendung fanden. Während des Experiments wurden die Probekörper mehrmals gewogen, um mögliche Substanzverluste durch Abplatzen oder Absplittern, die einen ^{24}Na-Aktivitätsverlust und damit eine Abnahme des Na^+-Gehaltes vortäuschen können, sofort zu erkennen. Die Na^+-Konzentration war unterschiedlich und

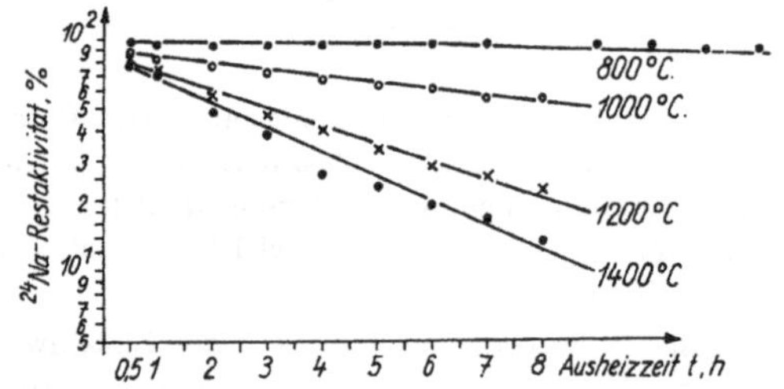

Abb. 1. Verdampfungsgeschwindigkeit von ^{24}Na aus Kieselglas (Ilmenau)

schwankte zwischen 7—30 ppm. Da es beim Dotieren mit der beschriebenen Technik nicht möglich ist, einheitlich gleiche Na^+-Konzentrationen zu erhalten, sind in der nachfolgend gezeigten Tab. 1 und in Abb. 1 die Na-Werte nicht in ppm, sondern ^{24}Na-Relativwerte in % angegeben (Ausgangszählrate ≙ 100%). Zu jedem Meßpunkt wurden mindestens 5 Parallelmessungen von 5 Proben durchgeführt und für die Zählratenbestimmung einer Probe 10 Meßwerte aufgenommen. Dadurch wird jeder in Tab. 1 angegebene Mittelwert im Minimum von 50 Einzelwerten gestützt.

Tab. 1. Zusammenstellung der Werte der Na^+-Verdampfung aus Kieselglas, Temperaturbereich 800—1400 °C (Mittelwerte)

Zeit, h	Temperatur, °C			
	800	1000	1200	1400
0,5	98,60	88,12	81,31	84,92
1	95,85	83,27	71,65	72,13
2	97,06	77,66	57,95	48,73
3	94,06	72,64	47,88	39,00
4	94,96	67,85	40,77	26,50
5	93,60	63,87	33,49	23,36
6	94,47	60,25	28,77	19,03
7	93,43	55,66	25,07	16,41
8	90,85	54,12	22,09	13,90
9	91,53	—	—	—
10	90,38	—	—	—

Aus Tab. 1 ergeben sich zunächst folgende qualitative Aussagen:

- Na^+ kann thermisch aus Kieselglas durch Tempern bei $t > 1000$ °C entfernt werden.
- Die Na^+-Aufnahme und Na^+-Abgabe korrelieren miteinander d. h., so schnell wie das Na^+ aufgenommen wird, wird es auch thermisch wieder abgegeben.
- Ergänzende autoradiographische Aufnahmen zeigten deutlich, daß keine signifikante Na^+-Abweichung an den Randzonen feststellbar ist, d. h. beim Erhitzen kein entscheidender Natriumkonzentrationsgradient von innen nach außen auftritt. Die Natriumkonzentration einer Probe aus homogenem Kieselglas nimmt beim Erhitzen insgesamt gleichmäßig ab. Dies ist ein sehr wesentlicher Beweis für die hohe thermische Beweglichkeit des Na^+-Ions im Kieselglas.

[1]) Anschrift: 705 Leipzig, Permoser Str. 15

Tab. 2. Kennwerte der Na^+-Verdampfung aus Kieselglas

	A	B	Korrelationskoeffizient
800 °C (12 Wertepaare)	$-0{,}00872 \pm 0{,}00124$	$4{,}5899 \pm 0{,}0061$	0,9117
1000 °C (10 Wertepaare)	$-0{,}07119 \pm 0{,}00449$	$4{,}5225 \pm 0{,}0199$	0,9844
1200 °C (10 Wertepaare)	$-0{,}18314 \pm 0{,}00788$	$4{,}4783 \pm 0{,}0354$	0,9927
1400 °C	$-0{,}25042 \pm 0{,}01424$	$4{,}4819 \pm 0{,}0643$	0,9873

Zur quantitativen Ermittlung der Na^+-Verdampfungsgeschwindigkeit aus Kieselglas aus den empirisch erhaltenen Meßwerten wurde wie folgt verfahren:

Für die Bestimmung der Zeitabhängigkeit der Na^+-Verdampfung mit den x-Werten (Zeit in h) und y-Werten (Na-Restkonzentration in %) wurde der allgemeine Ansatz gewählt

$$\frac{dy}{dx} = \text{const} \cdot y \tag{1}$$

der als Lösung ergibt (DGL. 1. Ordnung)

$$y = y_0 \cdot e^{-kt} \tag{2}$$

Da man $y_0 = 1$ ($\triangleq$ 100% Na) nur im Idealfall erhält, wurde Gl. 2 in der Form

$$y = e^{B} \cdot e^{Ax} \tag{3}$$

spezifiziert.

Die lineare Abhängigkeit $y = f(x)$ erhält man durch Logarithmieren von Gl. 3

$$\ln y = Ax + B \tag{4}$$

im vorliegenden Fall wurden die Konstanten A und B in dieser Geradengleichung durch lineare Regression (*Gauß*sche Methode der kleinsten Fehlerquadrate) mit Hilfe einer elektronischen Datenverarbeitungsanlage bestimmt.

In Tab. 2 sind die Kennwerte der Na^+-Verdampfung aus Kieselglas zusammengestellt. Die guten Korrelationskoeffizienten zeigen (Idealwert = 1), daß der e-Ansatz richtig gewählt war. Aus den Wertesätzen der Tab. 2 ergeben sich als Ergebnis die empirischen Gleichungen der Na^+-Verdampfung:

$$800\ °C: \quad y = 98{,}48 \cdot \exp. - 0{,}08720 \cdot x \tag{5}$$

$$1000\ °C: \quad y = 92{,}06 \cdot \exp. - 0{,}07119 \cdot x \tag{6}$$

$$1200\ °C: \quad y = 88{,}08 \cdot \exp. - 0{,}18314 \cdot x \tag{7}$$

$$1400\ °C: \quad y = 88{,}40 \cdot \exp. - 0{,}25042 \cdot x \tag{8}$$

x = Zeit, h
y = Na-Restgehalt, %

2. Zusammenfassung, Diskussion und Interpretation der erhaltenen Ergebnisse (Teil I [1] + II)

In der vorliegenden Arbeit wurde die Diffusion und die thermische Beweglichkeit von Na^+-Ionen in Kieselgläsern verschiedener Provenienz mit Hilfe der Radiotracertechnik (^{24}Na) untersucht.

Die Diffusion wurde als Kontinuumsprozeß angesehen und die Diffusionskoeffizienten nach dem *Fick*schen Diffusionsgestez berechnet. Zur Auswertung nach der Aktivdiffusion wurde der vorbereitete Diffusionskörper senkrecht zur Diffusionsrichtung autoradiographiert. Die Aufnahme des Diffusionsprofils zur D-Koeffizientenbestimmung erfolgte photometrisch. Über die autoradiographische Abbildung erhält man eine direkte bildliche Darstellung des Diffusionsverlaufs. Dadurch besteht die Möglichkeit, Einzelbereiche der Diffusion im Festkörper mit dem entsprechend justierten Photometerlichtstrahl zu vermessen und differentielle D-Koeffizienten zu bestimmen. Bei der Na^+-Diffusion in homogenes Kieselglas (Herasil) zeigt sich im Gesamtbereich des Materials nahezu ideale Volumendiffusion. Im Kieselglas technischer Qualität liegt neben dem Bereich der Volumendiffusion (Homogenbereich) auch Diffusion entlang gelockerter Strukturen vor. Autoradiographische Aufnahmen zeigen typische als auch atypische Diffusionsverläufe. Die ermittelten D, D_0 und H_A-Werte werden angegeben. Die quantitative Auswertung ergab, daß das Na^+-Ion in Kieselgläsern vom Typ I (aus Bergkristall erschmolzen) [2] thermisch außerordentlich leicht beweglich ist, die gemessenen D-Werte von 10^{-5} bis 10^{-6} cm²/s, die erstmals bei $t > 1000$ °C bestimmt wurden, liegen schon im Bereich der D-Werte für Flüssigkeiten. Für die Festkörperdiffusion werden im allgemeinen D-Werte von 10^{-9} bis 10^{-14} cm²/s angegeben [3]. Beim technischen Kieselglas ist die Feststellung überraschend, daß die Diffusionsgeschwindigkeiten im Homogenbereich als auch entlang von Störstellen gleichgroß sind, allerdings ist im letzteren Fall die transportierte Na-Menge 2–6mal größer. Die hohe thermische Beweglichkeit des Na^+-Ions wurde ebenfalls durch Na^+-Verdampfungsversuche aus Kieselglaskörpern bestätigt. Wie die quantitative Auswertung ergab, gehorcht die Na-Verdampfungsgeschwindigkeit einer e-Funktion. Die Parameter der Funktion werden angegeben, wodurch bei Kenntnis von Temperzeit und Temperatur die Bestimmung der Na-Restkonzentration möglich ist.

Frischat [4] postuliert als möglichen Na^+-Diffusionsmechanismus in Kieselgläsern den Isotopenaustausch von im Glas vorhandenen ^{23}Na mit dem Radiotracer entsprechend folgender Gleichung

$$^{22}Na_{Oberfl.} + {}^{23}Na_{Glas} \rightleftharpoons {}^{23}Na_{Oberfl.} + {}^{22}Na_{Glas}$$

Dieser einfache Isotopenaustausch reicht aber u. E. nicht aus, um alle Erscheinungen widerspruchsfrei zu erklären:

Eigene Radiotracerversuche mit den Alkali-Ionen $^{42}K^+$, $^{86}Rb^+$, und $^{137}Cs^+$ ergaben, daß die Diffusionsgeschwindigkeiten dieser Kationen sehr viel kleiner sind und nach der beim ^{24}Na angewandten Untersuchungstechnik nicht mehr erfaßt werden konnten. Unter der Annahme eines einfachen Austausches einwertiger Kationen $Na_{Glas} \rightarrow$ K, Rb, Cs dürften sich die D-Koeffizienten dieser Kationen vom Na^+ nicht so sehr unterscheiden. Ähnliches gilt für Ag^+, Cu^+, H^+ [5, 6]. Na^+ nimmt im Diffusionsverhalten einwertiger Kationen in Kieselglas eine Sonderstellung ein, die nach dem Austauschmechanismus allein nicht erklärbar ist.

Nach dem Austauschmechanismus müßte eine Abhängigkeit der Diffusionsgeschwindigkeit vom ^{23}Na-Grundpegel der Kieselglasprobe nachweisbar sein. Beim synthetischen Kieselglas SQ_1

vom Typ III ist der ^{23}Na-Grundgehalt zwar bedeutend niedriger gegenüber den aus Bergkristall erschmolzenen Gläsern vom Typ I, das gleiche gilt auch für Gläser vom Typ IV ($SiCl_4$ HF-Plasma) die aber wie *Frischat* feststellte [4] mehr den Gläsern vom Typ I ähneln. Synthetische Kieselgläser mit niedrigen Na-Grundwert müßten nach dem Austauschmechanismus identisches Diffusionsverhalten zeigen. Daher wird vorgeschlagen, den ^{23}Na-^{22}Na-Isotopenaustauschmechanismus durch einen, von der Struktur des Kieselglases abhängigen Diffusionsmechanismus zu ergänzen, wobei der „Wasser"-Gehalt eine wichtige Rolle spielt. Kieselglas ist eine strukturell recht offene Verbindung. Diese Tatsache wurde u. a. schon bei der Edelgas(Helium)- und Wasserstoff- bzw. Tritiumdiffusion festgestellt. Sie hat ihre Ursache im Netzwerkaufbau der Kieselgläser [7, 8]. In die Struktur ist neben Verunreinigungen wie Al^{3+} vor allem Wasser eingebaut, entweder als freie H^+ und OH^--Gruppen, als sog. gebundene OH-Gruppen oder als molekulares H_2O wie *Scholze* IR-spektroskopisch nachwies [9]. Nun wird postuliert, daß das Na^+-Ion (Ionenradius 0,96 Å) in eine $SiO_{4/2}$-Strukturzelle des Kieselglases gewissermaßen gerade hineinpaßt. Andere einwertige Kationen wie K^+ (1,33 Å) Rb^+ (1,47 Å) und Cs^+ (1,67 Å) sind für eine solche Zelle zu groß. Ob dieser Molsieb-Effekt rein sterische Ursache hat oder aber auf der leichteren Polarisierbarkeit der höheren Kationen beruht mag zunächst dahingestellt sein, er würde aber wesentliche Erscheinungen erklären. Die kleineren *D*-Koeffizienten für Na^+ in synthetischen Kieselgläsern vom Typ III lassen sich danach ebenfalls so deuten. Gläser vom Typ III haben einen wesentlich höheren Wassergehalt (~ 100fach). Hier ist anzunehmen, daß dieses Wasser, als molekulares Wasser, die Strukturhohlräume soweit ausfüllt, daß ab einen bestimmten Wassergehalt die Na-Diffusion entscheidend blockiert wird, oder durch Ausbildung starker Wasserstoffbrückenbindung Kontraktion der Hohlräume auftritt. Der wesentlich geringere Wassergehalt in Gläsern vom Typ I reicht nicht aus, um eine Sperrwirkung zu erreichen. Deshalb zeigen auch Kieselgläser vom Typ IV ein mit Kieselgläsern vom Typ I vergleichbares Diffusionsverhalten. Die Erhöhung der Diffusionsgeschwindigkeit bei der Gammabestrahlung beruht auf einer Veränderung der Gleichgewichtslage verschiedenartig gebundenen Wassers (Beweis durch IR-Messung), wodurch die blockierende Wirkung des Wassers teilweise aufgehoben wird.

Wir bedanken uns bei Herrn Prof. Dr. habil. *H. Koch* für sein förderndes Interesse, bei Frau *Jutta Fröhlich* für ihre wertvolle Hilfe bei der Durchführung experimenteller Arbeiten und bei Frau *S. Bachmann*, Herrn Dr. *Ch. Treutler* und Herrn Dr. *K. Freyer* für die Anfertigung der Autoradiogramme und die Unterstützung bei der Auswertung derselben.

Eingegangen am 21. 7. 1978

Literatur

[1] *J. Flachowsky, K.-P. Rudolph*, Isotopenpraxis 15 (1979) 9
[2] *R. Brückner*, J. non-crist. sol. 5 (1970/71) 123; 177
[3] Autorenkollektiv: ABC – Physik, VEB Brockhaus Verlag Leipzig 1973
[4] *G. H. Frischat*, Glastechn. Ber. 45 (1972) 309
[5] *G. H. Frischat*, Diffusion and defect monograph. series 3/4 Ohio: Trans. Techn. Publ. 1975
[6] *R. Meistring*, Dissertation TH Clausthal 1974
[7] *W. Espe*, Werkstoffkunde d. Hochvakuumtechnik, VEB Deutscher Verlag d. Wissensch. Berlin 1962
[8] *A. Dietzel*, 60 Jahre Quarzglas, 25 Jahre Hochvakuumtechnik W. C. Heraeus, Hanau 1961
[9] *H. Scholze*, Habil-Schrift. Univ. Würzburg 1959

Kurze Originalarbeiten

Zur massenspektrometrischen Isotopenanalyse. Genaue Bestimmung der Isotopenhäufigkeit an molekularem Sauerstoff (mit statistischer Isotopenverteilung)

G. Haase

(Zentralinstitut für Isotopen- und Strahlenforschung der AdW der DDR, Leipzig)[1])

(B 11) INIS DESCRIPTORS:

isotope ratio; mass spectroscopy; oxygen 16; oxygen 17; statistics

Die bislang bei der massenspektrometrischen Isotopenanalyse an O_2 verwendeten Auswerteformeln [1, 2] vernachlässigen entweder den $^{17}O_2^+$-Anteil bei MZ 34, oder sie erfordern das Einbeziehen der Peakintensitäten von MZ 32 bis MZ 36 sowie bei der Bestimmung der ^{17}O-Häufigkeit die vorherige Kenntnis des ^{16}O- bzw. ^{18}O-Gehaltes.

Mit Hilfe der folgenden, aus der Trinomialverteilung $(a + b + c)^2$, in der *a*, *b* und *c* den Wahrscheinlichkeiten für das Auftreten der Isotope ^{16}O, ^{17}O bzw. ^{18}O entsprechen, ableitbaren Formeln kann dagegen immer — auch bei hohen ^{17}O-Gehalten — eine exakte Isotopenanalyse erfolgen.

$$H(^{16}O) = \frac{100}{2 \cdot \dfrac{[35]/2 + [36]}{[34] - \dfrac{[35]^2}{4 \cdot [36]}} + 1} \%$$

$$H(^{16}O) = \frac{100}{\sqrt{\dfrac{[35] + \dfrac{[35]^2}{4 \cdot [36]} + [36]}{[32]}} + 1} \%$$

$$H(^{17}O) = \frac{100}{2 \cdot \dfrac{[32] + \dfrac{[34] - \dfrac{[33]^2}{4 \cdot [32]}}{2}}{[33]} + 1} \%$$

$$H(^{17}O) = \frac{100}{\sqrt{\dfrac{[32] + [34] - \dfrac{[33]^2}{4 \cdot [32]} + [36]}{\dfrac{[33]^2}{4 \cdot [32]}} + 1}} \%$$

[1]) Anschrift: 705 Leipzig, Permoserstr. 15

$$H(^{17}O) = \frac{100}{2\cdot\frac{\frac{[34]-\frac{[35]^2}{4\cdot[36]}}{2}+[36]}{[35]}+1}\,\%$$

$$H(^{17}O) = \frac{100}{\sqrt{\frac{[32]+[34]-\frac{[35]^2}{4\cdot[36]}+[36]}{\frac{[35]^2}{4\cdot[36]}}+1}}\,\%$$

$$H(^{18}O) = \frac{100}{2\cdot\frac{[32]+[33]/2}{[34]-\frac{[33]^2}{4\cdot[32]}}+1}\,\%$$

$$H(^{18}O) = \frac{100}{\sqrt{\frac{[32]+[33]+\frac{[33]^2}{4\cdot[32]}}{[36]}+1}}\,\%$$

Für die Berechnung der Isotopenhäufigkeiten anhand dieser Formeln ist es zweckmäßig, einen programmierbaren Tischrechner zu verwenden.

Nach dem gleichen Modus läßt sich auch an Kohlendioxid die Isotopenanalyse des Sauerstoffs vornehmen, wenn vorher der jeweilige ^{13}C-Anteil bei MZ 45—MZ 48 eliminiert wird. Die Massenzahlen der obigen 8 Formeln müssen dann nur um je 12 Masseneinheiten erhöht werden.

Eingegangen am 17. 11. 1978

Literatur

[1] *H. Birkenfeld, G. Haase, H. Zahn,* Massenspektrometrische Isotopenanalyse, Deutscher Verlag der Wissenschaften, 2. Auflage, Berlin 1969, S. 200

[2] *J. Dattner, J. Fischler,* Brit. J. appl. Physics **14** (1963) 728

Tagungsberichte

6. Treffen der europäischen Isotopenproduzenten vom 24.—26. Januar 1979 in Dresden

Die im Abstand von 3 bis 5 Jahren stattfindenden Treffen der europäischen Isotopenproduzenten verstehen sich als Gelegenheit, um in einem kleinen Teilnehmerkreis Informationen über den Entwicklungsstand hinsichtlich der Palette und der Kapazitäten der Isotopenproduktion in den europäischen Ländern auszutauschen. Ihr Kolloquiumscharakter mit viel Gelegenheit zum Erfahrungsaustausch unterscheidet sie von den wissenschaftlichen Tagungen über Teilgebiete der Isotopenproduktion und -anwendung. Nach dem 5. Treffen im Jahre 1974 in Athen traf man sich nun erstmals in der DDR. Der Einladung der Veranstalter — Zentralinstitut für Kernforschung Rossendorf der AdW und das Außenhandelsunternehmen Isocommerz GmbH — waren die führenden Vertreter der Isotopenproduktion aus 11 europäischen Staaten gefolgt. Von 14 Vortragenden gaben 10 eine Übersicht über die derzeitigen Produktionsmöglichkeiten ihrer Länder und über die Entwicklung seit dem letzten Treffen (*M. G. Constandinides* u. a., Griechenland; *T. Lengyel* u. a., Ungarn; *C. Teofilovski* u. a., Jugoslawien; *K. Chorvat* u. a., ČSSR; *C. Deptula* u. a., Polen; *R. Uhlenius,* Finnland; *M. Neves,* Portugal; *U. Jacobsen,* Dänemark; *R. Münze,* DDR; *G. Vormum,* DDR). Zwei Vorträge waren grundsätzlichen Fragen der Qualitätskontrolle gewidmet (*M. Matucha,* ČSSR; *E. P. Belkas* u. a., Griechenland). *K. Svoboda,* ČSSR, gab eine Prognose der aus heutiger Sicht erwarteten Schwerpunkte in der Erzeugnispalette für die nächsten 30 Jahre. *W. Merz,* DDR, behandelte aktuelle Fragen des Handels mit Isotopenerzeugnissen und gab Anregungen für Kooperationsbeziehungen.

Leider mußten die Vertreter Englands (*I. R. Ogle*), Belgiens (*R. Constant*) und der Schweiz (*H. Hügli*) kurzfristig absagen, so daß ihre Beiträge nur schriftlich vorlagen.

Der letzte Tag des Treffens diente einer gemeinsamen Diskussion der Erkenntnisse aus dem Informationsaustausch und einer Besichtigung der Produktionsstätten im ZfK Rossendorf.

Als Hauptergebnisse des Treffens wurden festgehalten:

— Alle vertretenen Länder schafften sich eigene, ausschließlich staatliche gelenkte Produktionskapazitäten — zum Teil damit begründet, daß sie dem Preisdiktat marktbeherrschender westeuropäischer und amerikanischer Firmen nicht folgen wollen.

— Da der Bedarf an Isotopenerzeugnissen weiterhin steigt, sind in nahezu allen vertretenen Ländern Erweiterungen der Kapazität im Gange.

— Auf verschiedenen Gebieten (Radioimmunoassays, Technetium-99*m*, Bestrahlungskapazität) bestehen gute Möglichkeiten einer Kooperation zwischen den Produktionszentren. Keines der in Dresden vertretenen Länder kann alle im Lande benötigten Isotopenerzeugnisse selbst herstellen.

— Den Schwerpunkt der Produktionspalette werden künftig in noch stärkerem Maße medizinisch angewandte Präparate bilden. Neben ^{99m}Tc-Markierungskits und RIA-Kits werden künftig Jod-123 und andere Zyklotronisotope mit in den Vordergrund rücken.

Eine gute Organisation und der Tagungsort — ein Erholungsheim in der Nähe von Dresden-Rossendorf — trugen zum Erfolg dieses Treffens wesentlich bei. Für das nächste Treffen (1982 in Helsinki) ist als Beratungsschwerpunkt die Qualitätskontrolle vorgesehen.

Eingegangen am 20. 2. 1979

P. Krumbiegel

Informationen

IAEA/FAO/Sri Lanka. Rund 80 Delegierte aus 24 Ländern und von zwei Organisationen nahmen vom 11. bis 15. Dezember 1978 am Internationalen Symposium über die Verwendung von Isotopen und Strahlungen bei der Erforschung der Beziehungen zwischen Boden und Pflanzen teil, das auf Einladung der Regierung von Sri Lanka von der Welternährungsorganisation (FAO) und der Internationalen Atomenergie-Agentur (IAEA) in Colombo durchgeführt wurde.

Fortschritte in der landwirtschaftlichen Forschung und bei landwirtschaftlichen Produktionsmethoden sind in vielen Ländern dringend erforderlich. In Sri Lanka wird das Projekt zur Umleitung des Mahaveli-Ganga-Flusses die Bewässerung von 700000 ha Land pro Saison im Jahr ermöglichen. Provinzen mit 40% der Gesamtbevölkerung des Landes erhalten damit neue Bewässerungsmöglichkeiten.Für dieses Projekt und andere überall in der Welt ist es von besonderer Bedeutung, ein besseres Verständnis für die Abhängigkeit von Bodenbedingungen und Pflanzen zu gewinnen, um Nahrungsmittel für eine wachsende Bevölkerung bereitzustellen. Von 1954 bis 1967 ist die Nahrungsmittelproduktion in der Welt um 46% angestiegen. Doch wegen der wachsenden Bevölkerung nahmen in diesem Zeitraum die pro Kopf zur Verfügung stehenden Nahrungsmittel nur um 13% zu.

Die Anwendung von Isotopen- und Strahlentechniken hat in diesem Forschungsbereich eine große Bedeutung. Das unterstrich auch die hohe Zahl von Referaten (44), die während des Symposiums gehalten wurden. Sie beschäftigten sich mit folgenden Themen: Entwicklung neuer Techniken und Methoden bei der Erforschung des Wurzelsystems von Pflanzen; die Verbreitung von Wasser, Nährstoffen und anderen gelösten Stoffen im Boden; die Aufnahme dieser Stoffe und des Wassers durch Pflanzen; Auswirkungen von Mängeln bei der Bewässerung und Düngung des Bodens; Erforschung der Düngewirkung von organischen Stoffen auf Boden und Pflanzen. Eine Sondersitzung war besonderen Problemen des Anbaus und der Düngung von Reis gewidmet, einem Thema, das für dieses Gebiet von großem Interesse ist.

Zu dem genannten Themenkreis wurden bereits drei ähnliche Symposien von der FAO und der IAEA veranstaltet: in New Delhi, Ankara und Wien in den Jahren 1962, 1965 und 1971.

IAEA/Japan. Am 1. Dezember 1978 fand in Wien ein Notenaustausch zwischen dem Generaldirektor der Internationalen Atomenergie-Agentur, Dr. *S. Eklund*, und dem japanischen Botschafter, *Y. Katori*, statt, durch den Zusatzvereinbarungen über technische Verfahren zur Durchführung des mit Japan abgeschlossenen Kontrollabkommens im Rahmen des Atomwaffensperrvertrags in Kraft traten.

Japan schloß sich am 8. Juni 1976 dem Atomwaffensperrvertrag an; das nach Artikel III des Vertrags mit der IAEA abgeschlossene Kontrollabkommen trat am 2. Dezember 1977 in Kraft. Die Zusatzvereinbarungen erstrecken sich auf alle Kernanlagen in Japan und bilden die technische Grundlage für die Durchführung der Sicherheitskontrolle in Japan und für das Zusammenwirken des internen japanischen Kontrollsystems mit dem internationalen System der IAEA.

Einhundertfünf Staaten sind gegenwärtig Vertragspartner des Atomwaffensperrvertrags, darunter drei Kernwaffenstaaten.

UdSSR. Im Verlag „Atomisdat" sind folgende neue Bücher erschienen:

Die Theorie von Vielphotonenprozessen in Atomen (*L. P. Rappoport* u. a.);
Negative Ionen (*W. M. Smirnow*);
Szintillationsdetektorblöcke (*J. A. Zirlin* u. a.);
Plasmalaser (*L. I. Gudsenko, S. I. Jakowlenko*);
Kernmagnetresonanz in anorganischen Fluoriden – Struktur und chemische Bindung (*S. P. Gabuda* u. a.);
Radionuklidbatterien (Redaktion *G. M. Fradkin*);
Strahlendiagnostik elektrischer Potentiale (*K. A. Djergabusow* u. a.);
Die Prognosen D. I. Mendelejews in der Atomistik – Atomgewichte und Periodizität (*B. M. Kedrow*);
Linearbeschleuniger für Ionen (2 Bände: Probleme und Theorie; Hauptsysteme – *B. P. Murin* u. a.);
Probleme der Strahlengerontologie (Redaktion *S. N. Alexandrow*);
Chemie des Plasmas (Redaktion *B. M. Smirnow*).

UdSSR. Im Heft 11/1978 der Zeitschrift „Atomnaja Energija" sind u. a. folgende Arbeiten enthalten:

Untersuchung des Prozesses der Tritiumabtrennung aus bestrahltem Urandioxid durch Oxydation an der Luft (*A. T. Agejenkow, J. M. Walujew*);
Ausarbeitung von Methoden zur Berechnung und Modellierung von pulsierenden Extraktionskolonnen (*J. I. Sacharow, S. M. Karpatschewa*);
Untersuchung des Beitrags sekundärer Teilchen zur absorbierten Dosis bei lokaler Bestrahlung mit 200-MeV-Protonen (*M. F. Lomanow* u. a.);

Kurze Originalmitteilungen:

Berechnung von LET-Spektren und -Mittelwerten bei der Wechselwirkung von Neutronen mit biologischem Gewebe (*W. A. Sybin, W. A. Rykow*);
Ein Gerät zur Bestimmung des Filtriervermögens der Lunge (*N. I. Antipin* u. a.);
Verteilung der absorbierten Energie und Ausbeute an Bremsstrahlung bei der Bestrahlung von Kupfer und Tantal mit Elektronen des Beschleunigers RIUS-5 (*N. I. Sawada* u. a.).

UdSSR. Heft 12/1978 der Zeitschrift „Atomnaja Energija" enthält u. a. folgende Arbeiten:

Perspektiven der Nutzung von gasgekühlten Hochtemperaturreaktoren in technologischen Prozessen und in der Elektroenergetik sowie Grundprobleme ihrer Einführung (*W. A. Legasow* u. a.);
Messung der Verhältnisse der Spaltquerschnitte von ^{237}Np/^{239}Pu und ^{241}Am/^{239}Pu im Neutronenenergiebereich von 0,13 ... 7,0 MeV (*W. M. Kuprijanow* u. a.);
Röntgenspektralanalyse der Elemente Titan bis Cäsium am Zyklotron (*W. A. Muminow* u. a.);

Kurzmitteilungen:

Messung der integralen Neutronenquerschnitte und Resonanzparameter von ^{147}Pm (*W. A. Anufrijew* u. a.);
Anwendung von kleinen Deuteronenbeschleunigern zur Fluorbestimmung durch Neutronenaktivierung (*J. I. Bondarenko, W. S. Rudenko*);
Experimentelle Bestimmung des Neutronenausflusses aus dem Gefäß bei der Mangan-Methode (*R. W. Sorokina* u. a.).

Österreich. Die erste Plenarkonferenz im Rahmen der Internationalen Bewertung des nuklearen Brennstoffkreislaufs (INFCE) fand vom 27.—29. November 1978 in Wien statt. Mehr als 250 Delegierte von 56 Ländern und fünf internationalen Organisationen nahmen daran teil.

Die Konferenz bekräftigte die grundlegenden Zwecke und Ziele der INFCE-Studie, wie sie übereinstimmend im Abschlußkommunique der Organisationskonferenz festgelegt wurden, die in Washington im Oktober 1977 stattfand. Hauptthema der Konferenz war, sich einen Überblick und ein Urteil über die Fortschritte der Studie seit ihrem Beginn im Oktober 1977 zu verschaffen. Alle acht Arbeitsgruppen, die mit der Erstellung je eines Teils der Studie betraut wurden, sowie das Technische Koordinierungskomitee (TCC) berichteten über den Stand ihrer Tätigkeit. Außerdem gab Dr. *S. Eklund*, Generaldirektor der Internationalen Atomenergie-Agentur (IAEA), einen Bericht über die Mitarbeit der IAEA an der Studie.

Die Konferenz stellte fest, daß die Arbeit von INFCE sich im ersten Jahr vor allem auf Organisationsfragen, das Sammeln von Informationen und auf vorläufige Analysen konzentrieren mußte. Die Konferenz äußerte die Erwartung, daß die Arbeitsgruppen 1979 eingehende Analysen und Auswertungen der gesammelten Informationen durchführen werden. Der weitere Arbeitsplan der Arbeitsgruppen sieht die Fertigstellung ihrer Berichte bis November 1979 vor. Es wurde auch beschlossen, daß das TCC eine Zusammenfassung der Studie vorbereiten soll, die der abschließenden Plenarkonferenz (25.—29. Februar 1980, Wien) gemeinsam mit den Berichten der acht Arbeitsgruppen vorzulegen ist.

Belgien. Die von der Schweizer Firma Gebr. Sulzer für das industrielle Bestrahlungszentrum des Institut National des Radioéléments (IRE) gelieferten ^{60}Co-Bestrahlungsanlagen wurden kürzlich beladen und in Betrieb genommen. Es handelt sich um eine Unicell-C-Anlage (bis 15000 kCi ^{60}Co) und eine Pool-Anlage (bis 500 kCi ^{60}Co).

Die vollautomatische Unicell-C-Anlage, die mit einer Stapeleinrichtung (Kapazität über 400 Behälter à 200 dm^3) gekoppelt ist, dient in erster Linie der Strahlensterilisierung medizinischer Artikel. Die Pool-Anlage ist für die Untersuchung und Entwicklung strahlentechnologischer Verfahren und die Bestrahlung verschiedener Produkte in kleinen Mengen vorgesehen.

Großbritannien. Die Fa. The Radiochemical Centre Ltd. (TRC) erreichte im Geschäftsjahr 1977/78 eine Umsatzsteigerung von 21,5 Mio £ auf 32,7 Mio £. Dies entspricht einer Zunahme von 52%. Einbezogen ist dabei erstmals der Umsatz der Amersham Corp., die aus einer Partnergesellschaft in ein Tochterunternehmen umgewandelt wurde. Die Umsatzerhöhung von TRC allein beträgt 29%. Das Produktionssortiment wurde vor allem um Erzeugnisse für medizinische Zwecke erweitert. Am Ende des Berichtsjahres hatte die TRC 1720 Mitarbeiter, darunter 1308 in Großbritannien und 412 in ausländischen Niederlassungen.

Großbritannien. Der Direktor des Kernforschungszentrums Harwell der UKAEA, *L. Roberts*, stellte in einem Vortrag vor der British Nuclear Energy Society (BNES) fest, daß sich die Verglasungstechnologie für die Verfestigung hochradioaktiver Rückstände in einem fortgeschrittenen Stadium befindet und höchstwahrscheinlich im kommenden Jahrzehnt kommerziell eingeführt werden kann. Nach einer längeren Abkühlzeit in Zwischenlagern (einige Jahrzehnte) könne dann die Endlagerung in geeigneten geologischen Formationen erfolgen.

BRD. Ein ad hoc-Ausschuß zur Beratung des BMFT hinsichtlich der Durchführung von Fördermaßnahmen auf dem Gebiet der technischen Strahlenchemie hat empfohlen, vorrangig folgende Forschungsrichtungen zu unterstützen: Härtung von Polymersystemen (Beschichtungen, Druckfarben), Vernetzung von Massenkunststoffen (Kabel und Leitungsisolierungen, Vulkanisation kunststoffbeschichteter Gewebe), Entwicklung silberfreier chemischer Informationsspeicher (z. B. silberfreie Photofilme), Entwicklung von Syntheseverfahren (photo- oder strahlenchemische Verfahren zur Herstellung von Spezialchemikalien, Druckchlorierungen unter Bestrahlung, Anwendung der Laser-Photochemie u. a.).

Österreich. Im Institut für Biologie des Forschungszentrums Seibersdorf wurde während planmäßiger Instandhaltungsarbeiten eine ^{60}Co-Quelle aus einer Bestrahlungsanlage geborgen. Die Position der Quelle, die im Führungsrohr nicht manövriert werden konnte, war unbekannt. Die Bergung wurde auf Grund der hohen Ortsdosisleistung am Quellstab (ca. 90000 R/h) mit Hilfe eines kabelgesteuerten Manipulatorfahrzeugs durchgeführt. Alle Bergungsarbeiten (Entfernen von Versuchsapparaturen, Ortung der Quelle, Abtrennen des Quellenführungsrohrs mit einer Trennscheibe, Unterbringung der Quelle in einem Transportbehälter) wurden mit Fernsehanlagen verfolgt und verliefen ohne Komplikationen. Bei einer Arbeitszeit vor Ort von 19,5 h lag die Kollektivdosis des Einsatzpersonals unter 50 mrem.

USA. Eine von den Sandia Laboratories des Department of Energy (DOE) entwickelte Pilotanlage für die Strahlensterilisierung von Klärschlämmen aus der Abwasserreinigung wurde in der Nähe von Albuquerque (New Mexico) in Betrieb genommen. Die Anlage (Kosten: 350000 $) arbeitet mit ^{137}Cs-Quellen.

USA. Auf Beschluß des Department of Energy (DOE) wurde aus Vertretern von General Atomic, des Oak Ridge National Laboratory und des Princeton Plasma Physics Laboratory eine Arbeitsgruppe für die Planung einer Fusions-Testanlage (Fusion Engineering Test Facility — ETF) gebildet. Es wird damit gerechnet, daß die Vorbereitungsarbeiten zwei Jahre dauern werden. Dieser Beschluß des DOE wird als erster Schritt zur Prüfung von Fusionsreaktor-Komponenten im ingenieurtechnischen Maßstab angesehen. Nach derzeitigen Schätzungen werden die Kosten des gesamten ETF-Projekts rund 500 Mio $ betragen. Die Inbetriebnahme der Anlage soll um 1990 erfolgen.

Fusionsexperten erwarten den Bau des ersten Demonstrations-Fusionsleistungsreaktors kurz nach dem Jahr 2000 und die Errichtung der ersten kommerziellen Anlage nicht vor 2020.

USA. Nach einem Bericht der Nuclear Regulatory Commission (NRC) beträgt die maximale jährliche Strahlenbelastung von Personen, die Armbanduhren mit Leuchtzifferblatt auf der Grundlage von Tritium tragen oder aus beruflichen Gründen mit solchen Uhren in Berührung kommen, nicht mehr als 0,3 mrem. Wird ein solches Tritiumröhrchen defekt, so übersteigt nur unter ungünstigen Bedingungen die Strahlenbelastung 0,5 mrem wesentlich. Sie würde jedoch keinesfalls 1000 mrem überschreiten. Die NRC erhebt deshalb auch weiterhin gegen solche Zifferblätter keine Einwände.

Japan. Die japanische Atomenergie-Administration wurde reorganisiert. Anstelle der bisherigen japanischen Atomic Energy Commission (AEC) wurden zwei neue Gremien geschaffen: Die neue Atomic Energy Commission (AEC) ist danach lediglich für die nukleare Forschung und Entwicklung zuständig, während die Nuclear Safety Commission (NSC) für Fragen der nuklearen Sicherheit und Bewilligung von Kernenergieanlagen verantwortlich ist. Diese Reorganisation hatte das Council on Nuclear Administration, ein Beratungsgremium des japanischen Premierministers, empfohlen.

Buchbesprechungen

Radioaktivität. Teil II, Messung und Anwendung

W. Stolz, Leipzig: B. G. Teubner Verlagsgesellschaft 1978, 188 S., 80 Abb., 15 Tab. (math.-naturwiss. Bibliothek, Bd. 67); M 21,–

Nachdem im ersten Bändchen „Radioaktivität — Grundlagen" die physikalischen Ursachen der Radioaktivität, ihre Erscheinungsformen und die Erzeugung von Strahlungsquellen behandelt wurden, stehen im zweiten Bändchen die Messung ionisierender Strahlung und Anwendungsaspekte zur Diskussion.

Im ersten Kapitel wird die Wechselwirkung ionisierender Strahlung mit Atomen behandelt. Es folgt eine Darstellung der Gesetzmäßigkeiten der Absorption und Rückstreuung geladener Teilchen, Schwächung und Rückstreuung von Photonenstrahlung und Bremsung von Neutronen durch Materialschichten. Im dritten Kapitel wird zunächst die Funktionsweise der verschiedenen Strahlungsdetektoren behandelt. Es folgt eine Darlegung der Probleme und Möglichkeiten einer absoluten Aktivitätsmessung, der Messung der Strahlungsenergie und Halbwertszeit sowie etwas ausführlicher der Dosismessung. Das vierte Kapitel ist der Anwendung radioaktiver Nuklide gewidmet, wobei Verfahren, die auf der Schwächung, Streuung und Bremsung von Strahlung, ihrer stoffverändernden Wirkung, der Anregung elementspezifischer Photonenstrahlung und der Anwendung der radioaktiven Markierung beruhen, berücksichtigt werden. Außerdem wird die Umwandlung von Strahlungsenergie in andere Energieformen und die radiometrische Altersbestimmung besprochen. Im letzten Kapitel werden Grundfragen des Strahlenschutzes behandelt.

Das Bändchen ist für Studierende als Einführung in das Stoffgebiet gedacht und wird dieser Aufgabe in seiner konzentrierten und anschaulichen Form voll gerecht. Es bietet darüber hinaus aber jedem an der Anwendung radioaktiver Nuklide Interessierten einen vorzüglichen Überblick, der durch Auswertung der angegebenen weiterführenden Literatur vertieft werden kann.

E. Herrmann

Mössbauer Isomer Shifts

G. K. Shenoy, F. E. Wagner (Eds.), Amsterdam—New York—Oxford: North-Holland Publishing Company 1978, X + 956 S., Ganzgewebeeinband US-$ 106.75; Dfl 240.–

Die Messung und Interpretation von Isomerieverschiebungen — im wesentlichen gegeben durch das Produkt aus Elektronendichtedifferenz zweier untersuchter Proben am Kernort und der beim betreffenden Übergang auftretenden Änderung des mittleren quadratischen Kernladungsradius — stellt derzeitig wohl das am umfassendsten bearbeitete Teilgebiet der gesamten *Mössbauer*-Spektrometrie dar. Es ist deshalb sicherlich verdienstvoll, daß sich Herausgeber und Verlag des hier zu besprechenden Titels bemüht haben, eine Monographie vorzulegen, in der erstmals alle Aspekte dieses Fachgebietes von anerkannten Experten ausführlich und im Zusammenhang behandelt werden. So erörtern *B. D. Dunlap* und *G. M. Kalvius* die grundlegenden theoretischen Fragen des Effektes, während *G. K. Shenoy, F. E. Wagner* und *G. M. Kalvius* die Technik seiner Messung behandeln. *A. J. Freeman* und *D. E. Ellis* diskutieren die neueren Methoden zur Berechnung von Ladungs- und Spindichten in Kernnähe. *S. Hüfner* zeigt in seinem Beitrag, wie aus Meßwerten für die optische Isotopieverschiebung Daten zur Elektronendichte am Kernort ermittelt werden können. *T. K. McNab, H. Micklitz* und *P. H. Barrett* zeigen, daß das schwierige Problem der Eichung der Isomerieverschiebung möglicherweise durch Messung an quasifreien, matrixisolierten Atomen und Ionen gelöst werden kann, während *F. Pleiter* und *H. De Waard* einen anderen Lösungsweg diskutieren, nämlich die Verknüpfung von Isomerieverschiebung und chemisch induzierten Änderungen der Zerfallskonstante von radioaktiven Nukliden, die sich durch innere Konversion abregen oder über Elektroneneinfang zerfallen. *J. Speth, W. Henning, P. Kienle* und *J. Meyer* behandeln das Problem der theoretischen Berechnung der Änderung des mittleren quadratischen Ladungsradius, die bei einem gegebenen *Mössbauer*-Übergang auftritt. Von *H. Backe, E. Kankeleit* und *H. K. Walter* stammt eine Einführung in das interessante Nachbargebiet der Myonenisomerieverschiebung, durch deren Messung man ebenfalls Aufschlüsse über die Änderung der Kernladungsverteilung bei Anregung gewinnt. Der Band enthält außerdem zwölf Kapitel, in denen ausführlich auf die Untersuchung physikalischer Phänomene (Phasenübergänge, Einfluß hoher Drücke) und von Fragen der chemischen Bindung bei einzelnen Elementen oder Elementgruppen mit Hilfe der Isomerieverschiebung eingegangen wird. Ergänzt wird das Buch durch sieben Anhänge, die in tabellarischer Form für den Experimentator wichtige Daten sowie einige relevante Formeln enthalten.

Die Herausgeber haben es sehr gut verstanden, trotz der Vielzahl der Autoren und behandelten Probleme dem Buch einen kohärenten und durchweg verständlichen Stil zu sichern und Überschneidungen zu vermeiden. Diese Tatsache und die Fülle des behandelten Materials lassen vermuten, daß das Buch eine ziemliche Verbreitung finden wird. Man würde sich allerdings wünschen, daß bei einer eventuellen zweiten Auflage die Literaturverzeichnisse zu den einzelnen Kapiteln aktualisiert werden, denn das aufgeführte Schrifttum reicht größtenteils nur bis zur ersten Hälfte der siebziger Jahre. Dessenungeachtet wird das Buch mit Bestimmtheit sowohl für den nach einer soliden Orientierung suchenden Neuling als auch für den schon längere Zeit auf diesem Gebiet tätigen Wissenschaftler ein Gewinn sein. Seine Anschaffung kann deshalb allen einschlägigen wissenschaftlichen Bibliotheken und Institutionen empfohlen werden.

D. Pabst

A. Deptula, A. Sjuda, J. Viza, J. Pototsky, K. Selenay, T. Radoshevsky

The Present State and Trends of Further Development of the Production of Radiopharmaceutical Preparations in Poland (*in Russian*)

Isotopenpraxis 15 (1979) No. 5, p. 122 to 124
– Fig., 1 Tab., – Ref.

In the work, the present state of the production of radiopharmaceutical preparations in Poland as well as the main trends of development in the next few years are outlined.

K. Svoboda, O. Topolchan

General Problems of Scientific Research in the Field of Radioactive Preparations for Medical Uses in Czechoslovakia (*in Russian*).

Isotopenpraxis 15 (1979) No. 5, p. 124 to 130
3 Fig., – Tab., – Ref.

In the last few years, the application of methods of nuclear medicine has been fastly developed in Czechoslovakia. This refers to "in vivo" methods as well as to "in vitro" methods, among which the radioimmunoassay deserves special attention. Therefore, it is necessary to develop radioactive preparations for medical uses for the home production of Czechoslovakia. Scientific research has to be done in cooperation with a number of institutions under the coordinating plan. Methods of operational analysis are used to plan and control these activities. Networks are shown, revealing the logical connection between the individual steps directed toward development and starting production of radiopharmaceutical preparations together with test batches for radioimmunoassay.

A. Blazevic, J. Viza, C. Deptula, A. Sjuda

The Second CMEA Symposium on Radiopharmaceutical Preparations (19. to 22. 10. 1977 in Kasimez-Dolny, Poland) (*in Russian*)

Isotopenpraxis 15 (1979) No. 5, p. 130 to 133
– Fig., – Tab., – Ref.

The subject of the Symposium in the field of "in vivo" preparations were methods for production and quality control of generators and kits for preparation of ^{99m}Tc and ^{113m}In labelled compounds and also problems relating to production and application of some other radiopharmaceutical preparations. Reports on radioimmunoanalysis concerned labelling methods for immunoreagents and methods for hormones, proteins and peptides determination. During the Symposium 53 reports were presented which are now available in the form of microfilm from IAEA.

Articles

D. Kloetzer, H. Goerner, K.-H. Heise

Radiogaschromatographic Analysis of Volatile Products of the Photolysis of the System bis-(tributyltin)-oxide-(butyl-1-^{14}C)/Cellulose

Isotopenpraxis 15 (1979) No. 5, p. 134 to 138
8 Fig., 4 Tab., 14 Ref.

This paper deals with the separation and the identification of products of the photochemical degradation of the system bis(tributyltin)-oxide-(butyl-1-^{14}C)/cellulose. If irradiated with UV-light n-butane-^{14}C and n-octane-^{14}C are formed. Therefore the ^{14}C-labelled butyl radicals decomposed from tinorganic compound are stabilized by reaction with H-atoms, delivered by the photodegradation of cellulose, and by dimerisation.

K.-P. Rudolph, J. Flachowsky

Investigations on the Diffusion and Thermal Mobility of Na^+ Ions in Quartz Glass within the Temperature Range from 800 to 1400 °C

Part II. Determination of Na^+ Vaporization Losses out of Cylindrical Quartz Glass Bodies

Isotopenpraxis 15 (1979) No. 5, p. 138 to 140
1 Fig., 2 Tab., 9 Ref.

Ч. Дептула, А. Сюда, Я. Виза, Я. Потоцки, К. Зеленай, Т. Радошевски

Актуальное состояние и направления дальнейшего развития производства радиофармацевтических препаратов в Польше (*на русск. языке*)

Isotopenpraxis 15 (1979) вып. 5, стр. 122 до 124
– рис., 1 табл., – лит.

В работе представлены актуальное состояние производства радиофармацевтических препаратов в Польше и основные направления его развития в ближайшие годы.

К. Свобода, О. Тополчан

Общие проблемы научно — исследовательских работ по радиоактивным препаратам медицинского назначения в ЧССР (*на русск. языке*)

Isotopenpraxis 15 (1979) вып. 5, стр. 124 до 130
3 рис., – табл., – лит.,

В последние годы в ЧССР быстро развивается применение методов ядерной медицины. Это касается как методов „ин виво" так и методов „ин витро", среди которых особое место занимает радиоиммуноанализ. В связи с этим необходимо разрабатывать радиоактивные препараты медицинского назначения для собственного производства в ЧССР. Научно-исследовательскую работу необходимо проводить в кооперации с рядом учреждений по координационному плану. Для планирования и управления этих работ применены методы операционного анализа. Приведены сетевые графики объясняющие логическую связь между отдельными шагами при развитии и наладке производства радиофармацевтического препарата и набора для радиоиммуноанализа.

А. Блажевич, Я. Виза, Ч. Дептула, А. Сюда

Второй симпозиум СЭВ по радиофармацевтическим препаратам (19—22. 10. 1977 г., Казимеж-Дольны, ПНР) (*на русск. языке*)

Isotopenpraxis 15 (1979) вып. 5, стр. 130 до 133
– рис., – табл., – лит.

На симпозиуме были представлены доклады, касающиеся препаратов „in vivo" и радиоиммуноанализа.

В докладах по препаратам „in vivo" освещались методы производства и контроля генераторов ^{99m}Tc и ^{113m}In. а также наборов к этим генераторам и проблемы, связанные с производством и применением радиофармацевтических препаратов.

В докладах по радиоиммуноанализу были обсуждены методы мечения радиоиммунологических реактивов, методы определения гормонов щитовидной железы и методы определения белков и пептидов. На симпозиуме было представлено 53 доклада, доступных в МАГАТЭ в виде „микрофиш".

Статьи

Д. Клетцер, Х. Гернер, К.-Х. Хайзе

Радиогазхроматографическое исследование летучих продуктов фотолиза системы биз-(трибутилолово)-окись-(бутил-1-^{14}C)/целлюлоза.

Isotopenpraxis 15 (1979) вып. 5, стр. 134 до 138
8 рис., 4 табл., 14 лит.

Описаны аппаратура и метод по радиогазхромотографическому отделению и идентификации продуктов фотолиза в системе бис – (трибутилолова) – окись – бутил – ^{14}C)/целлюлоза.

При этом было доказано, что при индуцированном УВС разложении этой системы образуется также n-бутан-^{14}C и n-октан-^{14}C. Отделенные из органического соединении олова меченые ^{14}C радикалы бутила стабилизируются при этом вследствие реакции с атомами водорода (продуктом фотолиза целлюлозы), а также из-за димеризации.

К.-П. Рудольф, И. Флаховский

Исследования по диффузии и термической подвижности ионов Na^+ в кварцевом стекле в пределах температуры от 800 до 1400 °C

Часть II: Определение потери Na^+ в связи с испарением из цилиндрических тел из кварцевого стекла

Isotopenpraxis 15 (1979) вып, 5. стр. 138 до 140
1 рис., 2 табл., 9 лит.

(Fortsetzung des Inhaltsverzeichnisses)

Bei Fragen zur Produktsicherheit wenden Sie sich bitte an:
If you have any questions regarding product safety,
please contact:

Walter de Gruyter GmbH
Genthiner Straße 13
10785 Berlin
productsafety@degruyterbrill.com